EL CEREBRO
DE LOS MATEMÁTICOS

EL CEREBRO
DE LOS MATEMÁTICOS

David Ruelle

Traducción: Víctor V. Úbeda

Antoni Bosch editor

Publicado por Antoni Bosch, editor, S.A.
Palafolls, 28 – 08017 Barcelona – España
Tel. (34) 93 206 07 30
info@antonibosch.com
www.antonibosch.com

Título original de la obra
The Mathematician's Brain

© 2007 by Princeton University Press
© 2012 de la edición en español: Antoni Bosch, editor, S.A.

ISBN: 978-84-95348-48-7
Depósito legal: B-26349-2012

Diseño de la cubierta: Compañía
Maquetación: Antonia García
Corrección: Gustavo Castaño
Impresión: Novoprint

Impreso en España
Printed in Spain

Índice

Prefacio

ΑΓΕΩΜΕΤΡΗΤΟΣ ΜΗΔΕΙΣ ΕΙΣΙΤΩ

Según la tradición, Platón mandó colocar el siguiente letrero en el frontón de la Academia: «Que no entre nadie que no sepa matemáticas». Hoy en día las matemáticas siguen siendo, en muchos sentidos, una preparación esencial para quienes desean entender la naturaleza de las cosas. Ahora bien, ¿es posible penetrar en el mundo de las matemáticas sin una larga y árida labor de estudio? Sí, hasta cierto punto es posible por cuanto lo que interesa a una persona curiosa y culta (lo que antiguamente se llamaba un filósofo) no es un exhaustivo conocimiento técnico. Lo que el filósofo a la antigua usanza (esto es, el lector o yo mismo) querría saber es cómo el cerebro humano, o el cerebro matemático, por así decirlo, aprehende la realidad matemática.

Mi propósito al escribir este libro es presentar una visión de las ciencias exactas y de sus practicantes que pueda interesar tanto a los lectores legos en la materia como a los versados en ella. Lejos de seguir sistemáticamente las opiniones mayoritarias, procuraré presentar un conjunto coherente de hechos y pareceres, cada uno de los cuales sería aceptable para una proporción bastante considerable de mis colegas matemáticos en activo. No pretendo en modo alguno llevar a cabo una presentación exhaustiva pero sí mostrar múltiples aspectos de la relación entre las matemáticas y sus practicantes. Algunos de estos aspectos distan de ser admirables, y tal vez debería habérmelos ahorrado, pero he creído más importante ser veraz que políticamente correcto. Asimismo, se me podría reprochar un excesivo énfasis en los aspectos formales y estructurales de las matemáticas; es probable, sin embargo, que lo más interesante para el lector de este libro sean precisamente dichos aspectos.

La comunicación humana se basa en el lenguaje, un método que todos y cada uno de nosotros adquirimos y mantenemos mediante el contacto con otros usuarios del mismo, dentro de un marco de experiencias humanas. El lenguaje humano es un vehículo para la expresión de verdades, pero también de errores, engaños y sinsentidos. Así pues, su empleo, como en el tema que nos ocupa, exige una enorme prudencia. Uno puede mejorar la precisión del lenguaje mediante una definición explícita de los términos utilizados, pero este procedimiento presenta sus limitaciones toda vez que la definición de un término incluye otros que a su vez también precisan ser definidos, y así sucesivamente. Los matemáticos han encontrado una forma de escapar a esta regresión infinita: evitan el uso de definiciones postulando ciertas relaciones lógicas (llamadas axiomas) entre términos matemáticos por lo demás indefinidos. Mediante el empleo de los términos matemáticos introducidos por los axiomas es posible definir nuevos términos y construir teorías matemáticas. En principio, las matemáticas no necesitan confiar en un lenguaje humano, sino que pueden emplear una presentación formal en la cual la validez de una deducción puede comprobarse mecánicamente sin riesgo de error ni engaño.

El lenguaje humano entraña conceptos tales como «significado» o «belleza» que, no obstante su importancia, resultan difíciles de definir de un modo general. Es posible que el significado y la belleza matemáticos sean más accesibles al análisis que sus equivalentes genéricos. Dedicaré especial atención a este asunto.

Hay un llamativo contraste entre la falibilidad de la mente humana y la infalibilidad de la deducción matemática, entre lo engañoso del lenguaje humano y la absoluta precisión de las matemáticas formales. Este contraste hace del estudio de las ciencias exactas, tal como recalcó Platón, una necesidad para el filósofo. Sin embargo, aunque el aprendizaje de las matemáticas era, según el fundador de la Academia, un ejercicio intelectual imprescindible, no se trataba del objetivo final. Muchos estaremos de acuerdo: por muy valiosa que sea la experiencia matemática, hay cosas más interesantes para el filósofo (esto es, para el lector y para mí).

Este libro está dirigido a lectores con cualquier nivel de experiencia matemática (inclusive un nivel mínimo). En su mayor parte consiste en una discusión sin tecnicismos sobre las matemáticas y los matemáticos, aunque también he introducido algunos pasajes de verdadera matemática, unos fáciles y otros no tanto. Ruego al lector, cualquiera que sea su formación en este campo, que haga un esfuerzo por entender los párrafos de matemática o al menos por leerlos en lugar de saltárselos y pasar directamente a los demás capítulos.

De los múltiples aspectos que presentan las matemáticas, los relacionados con la lógica, el álgebra y la aritmética se encuentran entre los más técnicos y complicados. Sin embargo, dado que algunos de los resultados obtenidos en dichos campos son sumamente llamativos y relativamente fáciles de mostrar, y a buen seguro los de mayor interés filosófico para el lector, he decidido concederles particular importancia. Con todo, debo decir que mis áreas de especialidad son otras, las dinámicas no lineales y la física matemática, así pues que no se sorprenda el lector de encontrarse con un capítulo dedicado a esta última materia, en el que mostraré cómo las matemáticas abren las puertas a «algo más». Este algo más es lo que Galileo denominaba «el gran libro de la naturaleza», a cuyo estudio consagró toda su vida. Y lo más importante es que, como dijo el propio sabio pisano, el gran libro de la naturaleza está escrito en lenguaje matemático.

El pensamiento científico

Mi trabajo diario consiste fundamentalmente en investigar cuestiones de física matemática y a menudo me pregunto por los procesos intelectuales que constituyen dicha actividad. ¿Cómo surge un problema? ¿Cómo se resuelve? ¿Cuál es la naturaleza del pensamiento científico? Mucha gente se ha formulado esta clase de preguntas y sus respuestas, que llenan numerosos libros, se han agrupado bajo múltiples etiquetas: epistemología, ciencia cognitiva, neurofisiología, historia de la ciencia, etcétera. La lectura de unos cuantos de esos libros me ha dejado en parte satisfecho y en parte decepcionado. Es evidente que las preguntas que me estaba haciendo eran muy difíciles y parece ser que a día de hoy no pueden responderse de forma exhaustiva. No obstante, he llegado a la conclusión de que una manera útil de complementar mis nociones sobre la naturaleza del conocimiento científico sería analizar mi propia forma de trabajar y la de mis compañeros de profesión.

La idea de fondo es que el pensamiento científico se entiende mejor estudiando la práctica correcta de la ciencia y, mejor todavía, siendo un científico inmerso en una labor de investigación. Esto no significa que haya que aceptar las opiniones generalizadas de la comunidad investigadora sin cuestionarlas; personalmente, por ejemplo, tengo mis reservas en relación al platonismo matemático que profesan muchos de mis colegas. Aun así, preguntar a los profesionales cómo trabajan se antoja un punto de partida más eficaz que las opiniones de índole ideológica sobre cómo deberían hacerlo.

Ni que decir tiene que preguntarse cómo trabaja uno mismo constituye un ejercicio introspectivo, y ya se sabe lo poco fidedigna que es la introspección. Se trata, pues, de un asunto muy serio que exige una actitud de constante alerta: ¿qué preguntas puede hacerse uno mismo y cuáles no? Cualquier físico sabe que recurrir a la introspección para aprender algo acerca de la naturaleza del tiempo es completamente inútil, pero ese mismo físico estará dispuesto a explicar cómo hace para resolver un determinado tipo de problemas (lo cual también es introspección). En muchos casos la distinción entre preguntas aceptables y preguntas inaceptables resulta evidente a ojos de un científico en activo y de hecho es el elemento clave del llamado método científico, un procedimiento que ha tardado siglos en aquilatarse. No digo que la distinción entre preguntas buenas y malas salte siempre a la vista, pero insisto en que la formación científica ayuda a discernirlas.

Hasta aquí, de momento, por lo que respecta a la introspección. Insisto en que lo que me ha guiado ha sido la curiosidad por los procesos intelectivos de la labor científica y, en particular, por mi propio trabajo. En el transcurso de mis indagaciones he recabado una serie de enfoques o ideas que primero, naturalmente, he analizado con mis colegas[1] y que ahora pongo por escrito para un público más amplio. Antes de nada quiero decir que no tengo ninguna teoría definitiva que proponer, sino que mi intención principal es ofrecer una descripción detallada del pensamiento científico, un tema bastante sutil y complejo y absolutamente fascinante. Dicho de otro modo, expondré mis ideas y opiniones pero evitaré afirmaciones dogmáticas. Al lector no profesional estas afirmaciones podrían darle la falsa impresión de que las relaciones entre la inteligencia humana y lo que llamamos «realidad» se han dilucidado clara y definitivamente. Además, una actitud dogmática podría animar a algunos colegas de profesión a presentar sus opiniones, por lo demás dudosas, como conclusiones firmes y definitivas. Nos movemos en un terreno en el que el debate es necesario y constante, pero por ahora lo que tenemos son opiniones bien fundadas, no conocimiento indiscutible.

Tras estas precauciones verbales, permítaseme exponer una conclusión que me resulta difícil eludir: la estructura de la ciencia depende en gran medida de la naturaleza y organización particulares del cerebro humano. Con esto no insinúo, ni mucho menos, que si una especie alienígena inteligente desarrollase un corpus científico fuese a obtener unas conclusiones opuestas a las nuestras. Lo que quiero decir, como sostendré más adelante, es que lo que esa hipotética especie extraterrestre entendería (y lo que suscitaría su interés) podría resultarnos difícil de traducir a algo inteligible (e interesante).

He aquí otra conclusión: lo que denominamos método científico es una cosa diferente en cada disciplina. Quienes hayan trabajado en matemáticas y física, o en física y biología, no se sorprenderán ante tal afirmación. La materia en cuestión define hasta cierto punto las reglas del juego, que son distintas dependiendo del ámbito científico de que se trate. Incluso campos diferentes dentro de las matemáticas (el álgebra, pongamos por caso, o las dinámicas no lineales) poseen estilos muy diferentes. En las siguientes páginas trataré de entender la mente matemática. El motivo no es que las ciencias exactas me parezcan más interesantes que la física o la biología, sino que pueden considerarse un producto de la mente humana exclusivamente limitado por las reglas de la pura lógica. (Más adelante tal vez tenga que matizar este aserto pero para lo que ahora nos proponemos es más que aceptable.) La física, en cambio, también se ve limitada por la realidad física del mundo que nos rodea. (Por muy difícil de definir que sea esa «realidad física», lo cierto es que limita considerablemente la teoría física.) En cuanto a la biología, se trata de una disciplina que se ocupa de un grupo de organismos vinculados a la Tierra y relacionados históricamente entre sí, lo cual supone una restricción bastante seria.

Las dos «conclusiones» que acabo de proponer tienen un valor limitado por estar enunciadas en unos términos tan generales e imprecisos. Lo interesante es ahondar en los detalles de cómo funciona la ciencia y qué partes consigue captar de la esquiva naturaleza de las cosas. Esto que denomino la naturaleza de las cosas o la estructura de la realidad es el objeto de la ciencia, que incluye tanto las estructuras lógicas estudiadas por las matemáticas como las estructuras físicas o biológicas del mundo en que vivimos. En este punto sería contraproducente intentar definir «realidad» o «conocimiento» pero está claro que en los últimos siglos o décadas nuestro conocimiento de la naturaleza de las cosas ha experimentado un inmenso progreso, de modo que iré más allá y expondré una tercera conclusión, a saber: lo que llamamos conocimiento ha cambiado a lo largo del tiempo.

Para explicar lo que quiero decir voy a tomar como ejemplo el caso de Isaac Newton[2], cuyas aportaciones a la creación del cálculo, la mecánica y la óptica lo convierten en uno de los más insignes científicos de todos los tiempos. Sin embargo, gracias a las numerosas anotaciones que nos dejó, sabemos que el sabio inglés también tenía otros intereses, pues dedicaba una enorme cantidad de tiempo a los experimentos alquímicos y a tratar de cuadrar los datos históricos con las profecías del Antiguo Testamento.

Al analizar la obra de Newton enseguida vemos qué parte de la misma podemos considerar científica: sus innovaciones en materia de cálculo, mecánica y óptica dieron pie a un enorme desarrollo posterior; en cambio, su labor alquímica y su estudio de las profecías no llevaron a ninguna parte. El nulo éxito de la alquimia puede achacarse a los usos intelectivos de sus adeptos, que establecían relaciones entre los metales, los planetas y otros conceptos que hoy consideramos ayunas de toda justificación racional o empírica. En cuanto al empleo esotérico de las Escrituras para entender la historia, si bien es verdad que sigue dándose en nuestros días, la gran mayoría de los científicos sabe que se trata de un disparate (y esta opinión está refrendada por la estadística)[3].

Un científico moderno distingue inmediatamente entre la verdadera ciencia de Newton y sus tentativas pseudocientíficas. ¿Cómo es posible que la misma mente admirable que desveló los secretos de la mecánica celeste perdiese completamente el norte en otros campos? La pregunta resulta incómoda porque consideramos que la verdadera ciencia es honrada y guiada por la razón mientras que la pseudociencia suele ser fraudulenta e intelectualmente desencaminada. ¿Pero cuál es el camino correcto? Lo que hoy contemplamos como la ruta perfectamente balizada de la ciencia no era, en tiempos de Newton, más que un oscuro sendero entre otros oscuros senderos que probablemente no llevaban a ninguna parte. El progreso científico no consiste únicamente en que hayamos descubierto la solución a muchos problemas sino en que hemos cambiado la manera de abordar otros nuevos, lo cual tal vez sea más importante.

En consecuencia, hemos adquirido una visión más perspicaz de lo que constituyen preguntas aceptables e inaceptables y de las formas correctas e incorrectas de plantearlas. Este cambio de perspectiva representa un cambio en la naturaleza de lo que denominamos conocimiento y proporciona al científico contemporáneo, o al aficionado versado en la materia, cierta superioridad intelectual sobre eminencias tales como Isaac Newton. Y cuando digo superioridad intelectual no me refiero simplemente a más conocimientos y mejores métodos sino a una comprensión más cabal de la naturaleza de las cosas.

¿Qué son
las matemáticas?

Al hablar de matemáticas conviene poner ejemplos. Los de este capítulo serán sencillos, pero advierto al lector que no debería incurrir en la tendencia natural a leer deprisa y corriendo los pasajes de aspecto técnico; al contrario: hay que leerlos despacio. En fin, allá vamos.

Sean los triángulos ABC y $A'B'C'$ tales que $|AB| = |A'B'|$. (Esto significa que el lado AB es igual de largo que el lado $A'B'$.) Supongamos también que $|BC| = |B'C'|$ y que el ángulo en el vértice B del triángulo ABC es el mismo que el ángulo del vértice B' en el triángulo $A'B'C'$.

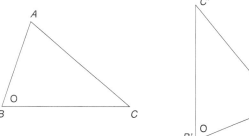

De todos estos supuestos se sigue que los triángulos ABC y $A'B'$-C' son iguales o, como se dice en matemáticas, congruentes, lo que significa que si dibujásemos ambos triángulos en una hoja de papel y los recortásemos con unas tijeras, podríamos superponerlos exactamente. (Habría que darle la vuelta a uno de los dos triángulos antes de colocarlo encima del otro.) Usando los dos pedazos de papel también podemos aclarar lo que significa «lados iguales» (se pueden superponer exactamente) o «ángulos iguales» (ídem).

Si el lector posee un dominio razonable del castellano y un mínimo de inteligencia visual, habrá entendido las consideraciones anteriores y muy probablemente le habrán resultado aburridísimas. Es más, en cuanto haya entendido lo que en realidad significan, le habrán parecido una soberana perogrullada. Entonces, ¿por qué la gente se emociona tanto con «teoremas de geometría» como el que acabamos de ver? Enunciémoslo de nuevo porque sí: *si los triángulos ABC y A'B'C' son tales que* $|AB| = |A'B'|$, $|BC| = |B'C'|$ *y el ángulo del vértice B de ABC es igual que el ángulo de B' en A'B'C', entonces ABC y A'B'C' son congruentes.*

Lo cierto es que, a partir de enunciados tan obvios, es posible, mediante una lógica impecable, deducir resultados más interesantes como, por ejemplo, el teorema de Pitágoras[1]: *si el ángulo B en el triángulo ABC es un ángulo recto*, entonces* $|AB|^2 + |BC|^2 = |AC|^2$.

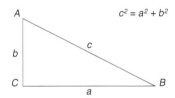

En realidad se puede obtener una demostración de dicho teorema observando la siguiente figura:

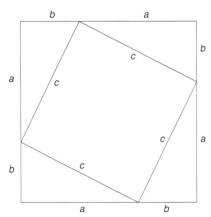

---

* El lector ya sabe lo que es un ángulo recto, pero si insiste en una definición, he aquí una: si los cuatro ángulos de un cuadrilátero son iguales, esos cuatro ángulos son ángulos rectos (y el cuadrilátero es un rectángulo o un cuadrado).

El cuadrado grande tiene un área $(a + b)^2 = a^2 + 2ab + b^2$ y consiste en un pequeño cuadrado de área c^2 y cuatro triángulos de área $ab/2$ cada uno, de donde se sigue que $a^2 + 2ab + b^2 = c^2 + 2ab$, es decir, $a^2 + b^2 = c^2$.

El teorema de Pitágoras es un conocimiento útil. Nos permite, por ejemplo, formar un ángulo recto con un pedazo de cuerda. He aquí cómo hacerlo. Hacemos una serie de marcas en la cuerda de forma que quede dividida en doce intervalos de la misma longitud (longitud que podemos denominar «codo»). A continuación usamos la cuerda para formar un triángulo con lados de 3, 4 y 5 codos. El ángulo formado por el lado de 3 codos y el de 4 será un ángulo recto.

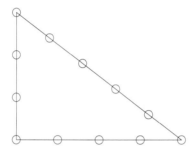

Esto ya no es tan obvio, pero se deduce del teorema pitagórico en cuanto reparamos en que $3^2 + 4^2 = 9 + 16 = 25 = 5^2$. A los antiguos griegos, afamados polemistas, les encantaba la geometría porque les brindaba la oportunidad de discutir y de llegar a conclusiones indiscutibles. Como señaló Platón, la geometría es una cuestión de conocimiento, no sólo de opinión. En el libro VII de la *República*, el ateniense incluye los estudios geométricos en el currículo exigido a los filósofos encargados de gobernar su ciudad ideal. En una discusión de muy moderno cariz señala que la geometría es útil desde el punto de vista práctico pero que la verdadera importancia de la materia está en otra parte: «La geometría es el conocimiento de lo que siempre es. Acerca el alma a la verdad y genera pensamiento filosófico». En este caso el filósofo se refiere a la geometría plana y alude con pesar al nulo desarrollo (en su época) de la geometría tridimensional, «una materia difícil y muy poco estudiada»[2].

Hacia el año 300 a. C., menos de un siglo después de que Platón escribiese la *República*, aparece el tratado *Elementos*[3], de Euclides. La obra de Euclides ofrece una presentación de la geometría de gran solidez lógica: una secuencia de enunciados (denominados teoremas) relacionados entre sí mediante estrictas reglas de deducción. A partir de una serie de enunciados que se toman por verdaderos (lo que en lenguaje actual llamamos axiomas) las reglas deductivas generan los teoremas que constituyen la geometría. A la hora de formular axiomas y demostrar teoremas, los matemáticos modernos son algo más puntillosos que Euclides. En particular, David Hilbert[4] demostró que para ser verdaderamente riguroso hay que sustituir algunas de las intuiciones de Euclides (basadas en su observación de las figuras) por otros axiomas y demostraciones más dificultosas. Pero lo extraordinario es que las matemáticas modernas siguen exactamente el mismo procedimiento que empleó Euclides para presentar la geometría.

Lo diré una vez más: las ciencias exactas consisten en enunciados —como el de los triángulos congruentes o el teorema de Pitágoras— relacionados entre sí por reglas de deducción muy estrictas. Si uno dispone de dichas reglas y de una serie inicial de enunciados que se dan por verdaderos (los llamados axiomas), estará en condiciones de deducir muchos más enunciados verdaderos (los llamados teoremas). Las reglas de deducción constituyen la maquinaria lógica de las matemáticas y los axiomas comprenden las propiedades básicas de los objetos de que se trate (en el caso de la geometría, de puntos, segmentos, ángulos, etcétera). A la hora de seleccionar las reglas de deducción se permite cierta flexibilidad y también son muchos los axiomas disponibles. Una vez escogidas unas y otros, lo único que hay que hacer es operar matemáticamente.

Algo terrible que puede ocurrir es que lleguemos a una contradicción, esto es, que demostremos que un enunciado es a la vez verdadero y falso. Se trata de un problema serio toda vez que Kurt Gödel[5] puso de manifiesto que (en ciertos e interesantes casos) es imposible demostrar que un sistema de axiomas no lleva a contradicciones. No obstante, justo es reconocer que el teorema de Gödel no quita el sueño a los matemáticos. Me refiero a que la mayoría sigue adelante con su trabajo sin preocuparse por las conclusiones del insigne lógico, es decir, que no esperan que de repente les surja una contradicción. De momento, pues, podemos dejar a un lado el tema de la no contradicción y centrarnos en las matemáticas «reales» tal y como suelen practicarlas los matemáticos.

Las matemáticas tal y como las practican los matemáticos no consisten simplemente en apilar enunciados deducidos lógicamente a partir de los axiomas. La mayoría de dichos enunciados, por perfectamente correctos que sean, no vale nada. Lo que busca el buen matemático son resultados interesantes. Estos resultados interesantes, también llamados teoremas, se organizan a sí mismos dando lugar a estructuras coherentes y naturales, y podría decirse que la finalidad de las ciencias exactas es encontrar y estudiar dichas estructuras.

En este punto, sin embargo, hay que tener cautela. Cuando digo que las matemáticas se organizan en estructuras coherentes y naturales no hago sino seguir la opinión de casi todos los matemáticos, pero ¿por qué habría de ser así? Es más, ¿qué significa? Son preguntas peliagudas y me ocuparé de ellas en el próximo capítulo y también más adelante. Pero antes conviene echar un vistazo al papel que desempeña el lenguaje en las matemáticas.

Cuando digo: «Sean los triángulos ABC y $A'B'C'$ tales que $|AB| = |A'B'|$, $|BC| = |B'C'|$, ...», estoy usando el idioma castellano. O algo parecido. Sin embargo, de lo que se trata aquí no es de si los matemáticos usan mal la lengua, sino de que la usan y punto. La labor matemática se lleva a cabo mediante un lenguaje natural (griego antiguo o castellano, por ejemplo) complementado con símbolos y jerga técnica. Hemos dicho que las matemáticas consisten en enunciados vinculados por reglas de deducción muy estrictas, pero ahora vemos que dichos enunciados y deducciones se presentan en un lenguaje natural que no obedece reglas muy estrictas. Existen, por supuesto, reglas gramaticales pero son tan desordenadas y confusas que la traducción de un idioma a otro mediante ordenador constituye un arduo problema. ¿Debería depender el desarrollo de las matemáticas de una buena comprensión de la estructura de los lenguajes naturales? Sería un expediente bastante desastroso.

La manera de soslayar esta dificultad es mostrar que, en principio, podemos prescindir de un lenguaje natural como el castellano. Es posible presentar las matemáticas como la manipulación de expresiones simbólicas formales («fórmulas») donde las reglas de manipulación son absolutamente estrictas y libres por completo de la confusa indefinición característica de los lenguajes naturales. Dicho de otro modo, es posible en principio ofrecer una presentación completamente formalizada de las matemáticas. ¿Y por qué sólo en principio y no de hecho? Pues porque unas matemáticas formalizadas serían tan engorrosas y opacas que en la práctica devendrían imposibles de manejar.

Podemos, por tanto, decir que las matemáticas, tal y como las practican los matemáticos actuales, son una discusión (en un lenguaje natural, con el aditamento de fórmulas y jerga) acerca de un texto formalizado que permanece sobreentendido. Hay quien alega de manera convincente que ese texto formalizado podría verbalizarse, pero no se hace. A decir verdad, en el caso de las matemáticas más interesantes, el texto formalizado resultaría excesivamente largo y, asimismo, bastante ininteligible para un matemático humano.

En los textos matemáticos existe, pues, una tensión perpetua entre la necesidad de ser riguroso, que empuja hacia un estilo formalizado, y la necesidad de resultar inteligible, que empuja hacia una exposición informal aprovechando las posibilidades expresivas de un lenguaje natural. Hay unos cuantos trucos que facilitan las cosas. Uno de los más importantes es el uso de definiciones: se sustituye una descripción complicada (como la de un dodecaedro regular) por una frase simple («dodecaedro regular») o una expresión simbólica complicada por un simple símbolo. También se pueden introducir «abusos de lenguaje», esto es, una cierta imprecisión controlada que no cause problemas. Nótese que la corrección de un texto completamente formalizado podría verificarse mecánicamente, por ejemplo con un ordenador, pero en el caso de un texto matemático ordinario hay que depender de la inteligencia un tanto falible de un matemático humano.

Cada matemático tiene su manera de expresarse. En el mejor de los casos, el estilo es claro, elegante, hermoso. Entre los ejemplos modernos cabe citar el *Cours d'arithmétique*[6] de Jean-Pierre Serre y el artículo «Differentiable dynamical systems»[7] de Steve Smale. El estilo de estas dos obras es muy diferente: mientras que Serre es más formal, Smale recurre a figuras dibujadas a mano para explicar construcciones matemáticas, algo que el francés jamás haría. Sin embargo, a pesar de esta gran diferencia estilística, la mayoría de matemáticos seguramente convenga en que tanto el libro de Serre como el artículo de Smale son exposiciones magistrales.

3

El programa
de Erlangen

Si definimos con precisión un conjunto de axiomas y reglas de deducción lógica, ya tenemos cuanto se necesita para operar matemáticamente. Ahora bien, las ciencias exactas no son un simple montón de enunciados deducidos lógicamente a partir de enunciados básicos denominados axiomas. La mayoría de matemáticos diría que las verdaderas matemáticas consisten en aquellos enunciados que resultan interesantes; que las verdaderas matemáticas poseen significado y se organizan en estructuras naturales. Lo que hace falta, pues, es explicar qué entendemos por «enunciados interesantes», «significado» y «estructuras naturales». Aunque no son conceptos fáciles de definir con precisión, los matemáticos los consideran importantes y debemos procurar entenderlos. Han sido varios los intentos de definir las estructuras matemáticas naturales y es en este concepto donde vamos a centrarnos. De hecho, algunos matemáticos insisten en que enunciados interesantes o significativos son aquellos que guardan relación con estructuras naturales, mientras que otros discrepan de esta concepción, pero pospondremos el análisis de este asunto hasta que tengamos una idea de lo que son las estructuras matemáticas.

Felix Klein[1], en la famosa conferencia inaugural que pronunció en Erlangen en 1872, propuso un concepto de estructuras naturales de geometría hoy conocido como el programa de Erlangen. Para hablar del enfoque de Klein lo correcto, en realidad, sería llevar a cabo operaciones matemáticas, en concreto, algo de geometría. El procedimiento apropiado entrañaría el uso de axiomas, teoremas y demostraciones pero como no quiero dar por sentado que el lector cuenta con competencia profesional en este campo ni que tenga interés en adquirirla, voy a recurrir al método que utilizaban los griegos antes de formalizar la geometría según lo dispuesto por Euclides en sus *Elementos*, a saber: voy a pedirle que observe una serie de figuras y haga sencillas deducciones (o bien dé por ciertas algunas afirmaciones que haré). Imagínese el lector que es un aficionado a la filosofía en la antigua Atenas y que al llegarse a la Academia para escuchar las discusiones ve un letrero que prohíbe la entrada a los «legos en geometría» (o en matemáticas). El lector, sin embargo, no tiene miedo y entra.

Para entender las ideas de Klein fijémonos primero en el ejemplo de geometría euclidiana plana que comentamos en el capítulo 2. Sabemos que el plano es el espacio de la geometría euclidiana y también tenemos una noción de lo que es la congruencia. Dos figuras son congruentes, o iguales, si podemos mover una de ellas y superponerla exactamente sobre la otra. El movimiento debería ser rígido, esto es, sin que altere las distancias entre los pares de puntos. Los movimientos rígidos, es decir, las congruencias, son lo que caracteriza a la geometría euclidiana. En geometría euclidiana podemos hablar de conceptos tales como rectas, paralelas, el punto medio de un segmento, el cuadrado, etcétera. La geometría euclidiana nos resulta muy natural pero ya veremos que en el plano también hay otras geometrías muy interesantes.

Si conservamos los conceptos de líneas rectas y líneas paralelas pero no tenemos en cuenta los de distancias entre puntos o los de valores de los ángulos, obtenemos la llamada geometría afín. En esta clase de geometría, además de movimientos rígidos, también se permite alargar y acortar distancias. En lugar de congruencias tenemos transformaciones afines. Nótese que un cuadrado, mediante un movimiento rígido, sigue siendo un cuadrado del mismo tamaño sólo que con una orientación diferente:

mientras que mediante una transformación afín un cuadrado puede convertirse en cualquier paralelogramo:

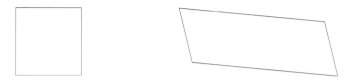

La geometría afín (plana) se define por medio de un espacio —el plano— y las transformaciones afines. Mencionemos de pasada que en esta clase de geometría la noción del punto medio de un segmento también tiene sentido aun cuando la noción de la longitud de un segmento no lo tenga. La razón es que podemos decir que los segmentos de unas líneas paralelas son iguales si están interceptados por líneas paralelas:

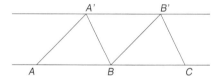

(si $A'A$ es paralelo a $B'B$ y $A'B$ es paralelo a $B'C$, entonces B es el punto medio de AC).

Otro tipo de geometría es la geometría proyectiva, que surge naturalmente del estudio de la perspectiva. Efectivamente, si tenemos una mesa cuadrada (figura de la izquierda), su dibujo en perspectiva tendrá el siguiente aspecto (derecha):

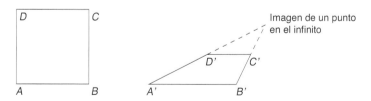

(no se han dibujado las patas de la mesa). Nótese que los lados paralelos de la mesa dejan de ser paralelos en el dibujo en perspectiva. En este tipo de geometría es habitual decir que las líneas paralelas se encuentran en un punto en el infinito. En la ilustración superior, el punto en el infinito se convierte en un punto ordinario del plano.

En la geometría proyectiva tenemos un espacio llamado el plano proyectivo que consiste en los puntos ordinarios del plano y los puntos del infinito. Los movimientos rígidos (o congruencias) de la geometría euclidiana se sustituyen por transformaciones proyectivas mediante las cuales los objetos se desplazan de una forma natural desde el punto de vista proyectivo, esto es: las rectas siguen siendo rectas pero no es necesario conservar su paralelismo. Si dibujamos una figura en una mesa y hacemos una correcta representación en perspectiva de dicha figura en una pantalla, habremos establecido una transformación proyectiva entre el plano de la mesa y el plano de la pantalla. Cuando un punto P de la mesa se representa con un punto P' en la pantalla, podemos decir que la transformación proyectiva «envía» P a P'. Tal como hemos señalado, una transformación proyectiva puede enviar un punto del infinito a un punto ordinario, y viceversa.

El punto medio de un segmento no es un concepto útil para la geometría proyectiva pero la llamada razón doble sí lo es. Sean cuatro puntos A, B, C, D de una recta, y a, b, c, d sus distancias desde un punto O, con un signo $+$ para los puntos situados a la derecha de O y un signo $-$ para los situados a la izquierda. (Los números a, b, c, d pueden, pues, ser positivos, negativos o iguales a 0.)

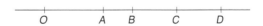

La cantidad $(A, B; C, D)$ igual a

$$\frac{c-a}{d-a} : \frac{c-b}{d-b} = \frac{(c-a)(d-b)}{(d-a)(c-b)}$$

se denomina la razón doble de A, B, C, D. (No depende del punto en que decidamos fijar O ni de a que llamemos la izquierda o la derecha de O.) Si una transformación proyectiva transforma A, B, C, D en A', B', C', D', entonces $(A', B'; C', D') = (A, B; C, D)$. También es posible definir la razón doble de cuatro rectas PA, PB, PC, PD que pasan por un punto P:

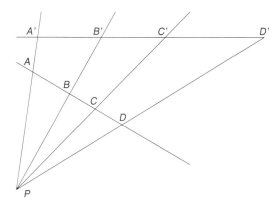

y que sería simplemente la razón doble de los puntos *A*, *B*, *C*, *D* tal y como aparecen en la ilustración. (El resultado sería el mismo usando *A'*, *B'*, *C'*, *D'*.)

Aunque las ideas que acabamos de exponer van más allá de lo estudiado por Platón, éste las habría entendido. Pero permítaseme mostrar brevemente algo de veras diferente a las matemáticas griegas: los llamados números complejos. Si el lector no está familiarizado con los números complejos conviene que lea la nota[2] antes de pasar al siguiente párrafo. Puede que al fundador de la Academia no le hubiese hecho mucha gracia lo que viene a continuación, ni al lector tampoco. Léase de todas formas, pero sin demorarse en la explicación.

Podemos visualizar los números complejos como puntos en el plano complejo. Definimos la recta proyectiva compleja como la consistente en los puntos del plano complejo y un único punto adicional en el infinito. Nótese que la recta proyectiva compleja, que en realidad es un plano, contiene rectas ordinarias y círculos. Hay transformaciones proyectivas complejas que desplazan puntos por la recta proyectiva compleja. Más concretamente, el punto *z* (un número complejo) es enviado (es decir, desplazado) al punto

$$\frac{pz + q}{rz + s}.$$

(Suponemos que *p*, *q*, *r*, *s* son números complejos tales que *ps* − *qr* ≠ 0.) Las transformaciones proyectivas complejas transfor-

29

man círculos en círculos (entendiendo que una recta más el punto del infinito se considera un círculo). Podemos definir la razón doble de cuatro puntos a, b, c, d (que son números complejos) como

$$(a, b; c, d) = \frac{c-a}{d-a} : \frac{c-b}{d-b}.$$

En general se trata de un número complejo, pero cuando a, b, c, d se hallan en un círculo la razón doble es real (y viceversa). Resulta que si una transformación proyectiva compleja transforma a, b, c, d en a', b', c', d', entonces $(a, b; c, d) = (a', b'; c', d')$. Dicho de otro modo, las transformaciones proyectivas complejas conservan la razón doble. (Invito al lector a comprobarlo; con las definiciones que acabo de dar el cálculo es sencillo.)

Demos ahora un paso atrás para ver lo que tenemos. Hemos introducido varias geometrías, cada una de ellas con su espacio y sus transformaciones particulares. En los casos que hemos expuesto, el espacio es un plano (con la posible adición de puntos en el infinito). Pero la elección del plano ha sido únicamente para facilitar la visualización; se pueden usar otros espacios como, por ejemplo, el tridimensional. En jerga matemática, las palabras «espacio» y «conjunto» son más o menos equivalentes y vienen a significar una colección de «puntos» en el caso de un espacio o de «elementos» en el caso de un conjunto. Una transformación envía puntos de un espacio S a puntos en un espacio S' (a menudo S' es igual que S). La idea de Felix Klein es que un espacio y una serie de transformaciones definen una geometría.

La introducción de diferentes geometrías nos permite poner algo de orden en los teoremas. Veamos, como ejemplo, el teorema de Pappus:

Sean dos triángulos ABC y A'B'C' tales que las rectas AA', BB' y CC' intersecan en un punto P. Suponiendo que las rectas AB y A'B' intersecan en el punto Q, las líneas BC y B'C' en el punto R y las líneas CA y C'A' en el punto S, entonces hay una recta que pasa por Q, R y S.

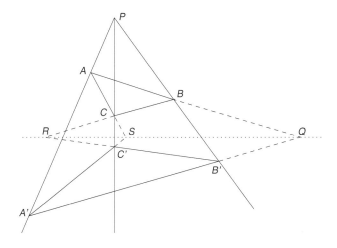

¿A qué tipo de geometría corresponde esto? Hay rectas pero no hay paralelas ni círculos, luego se diría que el teorema de Pappus pertenece a la geometría proyectiva. Ahora bien, la geometría proyectiva tiene que ver con cuestiones de perspectiva y, efectivamente, el teorema de Pappus puede entenderse en tales términos. Concibamos *ABC* y *A'B'C'* como triángulos en un espacio tridimensional. Hemos supuesto la existencia de un punto *P* que es el vértice de una pirámide de la cual *ABC* y *A'B'C'* son dos secciones planas. Los planos que contienen a *ABC* y *A'B'C'* deben intersecar en una recta que contenga a *Q, R* y *S*, luego hay una recta que pasa por *Q, R* y *S*, tal y como afirmó Pappus.

Llegados a este punto el lector tal vez empiece a tener la impresión de que la geometría entraña algo más que una verificación legalista de teoremas. Entraña ideas, ideas que Platón podría entender.

Matemáticas e ideología

Ahora que somos capaces de distinguir entre geometrías euclidianas, afines y proyectivas podemos clasificar nuestro conocimiento con arreglo a esa distinción. Hemos visto que el teorema de Pappus pertenece a la geometría proyectiva, pero el de Pitágoras pertenece a la euclidiana porque entraña el concepto de «longitud» de los lados de un triángulo. La clasificación es una gran fuente de satisfacción para los científicos en general y para los matemáticos en particular. Y también resulta útil: para entender un problema de geometría euclidiana se emplea un juego de herramientas entre las que se encuentran los triángulos congruentes y el teorema de Pitágoras. Para un problema de geometría proyectiva se utiliza otro juego de herramientas, entre ellas las transformaciones proyectivas y el hecho de que éstas no modifican las razones dobles. Un problema puede resultar muy fácil si se usan los trucos apropiados o muy difícil si se usan los equivocados. Los matemáticos, que acostumbran a verse en esta tesitura, reconocen el enorme mérito de Felix Klein al haber desvelado esa realidad matemática, a saber: que hay diversas geometrías y que resulta útil saber a cuál de ellas pertenece cada problema particular.

Para convencer al lector de que el programa de Erlangen es una muestra útil de ideología matemática me gustaría exponer un problema «difícil». Helo aquí:

Teorema de la mariposa
Dada una cuerda AB de una circunferencia, sea M su punto medio.
Sean PQ y RS otras dos cuerdas, de forma que ambas pasan por M,

como en la ilustración. Por último, trácense otras dos cuerdas, PS y RQ, que corten la cuerda inicial AB en sendos puntos U y V respectivamente. Entonces, M también es el punto medio del segmento UV.

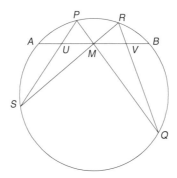

(Nótese que la «mariposa» *PSRQ* suele ser un cuadrilátero asimétrico.) Si el lector posee alguna noción de geometría elemental, le recomiendo que intente resolver este problema antes de seguir adelante (que deje el libro a un lado, coja una hoja de papel y se ponga manos a la obra).

Antes que nada quiero dejar claro que un matemático profesional no lo consideraría un problema muy difícil. En términos de dificultad no tiene nada que ver con el último teorema de Fermat, del que hablaremos más adelante. De hecho, el problema de la mariposa parece una pregunta sencilla de geometría euclidiana elemental. Uno enseguida repara en que los ángulos *S* y *Q* son iguales y a continuación tratará de usar los típicos resultados sobre triángulos congruentes (como el del capítulo 2). Después tal vez construirá alguna figura, trazando una perpendicular o una bisección… y no llegará absolutamente a ninguna parte. Entonces empiezan las dudas. ¿Seguro que *M* es el punto medio de *UV*? (Sí, sí que lo es.) Lo razonable, en una situación así, es consultarlo con la almohada. (Como soy una persona de lo más razonable, eso fue justamente lo que hice cuando mi colega Ilan Vardi me planteó el problema y no fui capaz de resolverlo en el acto.) Si realmente queremos resolver el problema, podemos hacer dos cosas:

1. Usar la fuerza bruta. Cuando se trata de problemas de geometría elemental uno siempre puede (como veremos) intro-

ducir coordenadas, formular ecuaciones para las rectas en cuestión y reducir el problema a una comprobación algebraica. Este método, ideado por Descartes[1], es efectivo pero engorroso; suele ser largo y poco elegante, y algunos matemáticos dirán que no enseña nada puesto que no nos brinda un verdadero entendimiento del problema que hemos resuelto.

2. Dar con una idea inteligente que facilite el problema. Este es el método predilecto de casi todos los matemáticos.

En este caso la idea inteligente es caer en la cuenta de que el teorema de la mariposa no pertenece a la geometría euclidiana sino a la proyectiva. La circunferencia es un objeto euclidiano, cierto, pero también encaja con naturalidad en la geometría de la recta proyectiva compleja. De acuerdo, el concepto de punto medio es euclidiano o afín, pero eso es una pista falsa: podríamos perfectamente empezar con $| AM | = \alpha | AB |$, donde α no es necesariamente $1/2$.

Voy a esbozar sucintamente una demostración del problema de la mariposa dejando que el lector elija entre tratar de entender los detalles o contentarse con captar la idea general. Consideremos los puntos A, B, P, R, ... números complejos. Dado que A, B, P, R se hallan en una circunferencia, la razón doble $(A, B; P, R)$ es real. Tomando S como origen del plano complejo, nos encontramos con que los puntos $A' = 1/A$, $B' = 1/B$, $P' = 1/P$, $R' = 1/R$ se hallan en una recta y

$$(A, B; P, R) = (A', B'; P', R').$$

Esa razón doble también* es la de las rectas SA', SB'; SP', SR' o (por reflejo) la de las líneas SA, SB; SP, SR o (intersecados por AB) de los puntos A, B; U, M. Así,

$$(A, B; P, R) = (A, B; U, M).$$

---

* En este punto pasamos brevemente de la geometría proyectiva compleja unidimensional a la geometría real bidimensional. Dicho sea de paso, en lugar de geometría proyectiva compleja, algunos matemáticos prefieren usar la geometría conformal bidimensional, pero son casi lo mismo.

Asimismo, si sustituimos S por Q nos encontramos que

$$(A, B; P, R) = (A, B; M, V).$$

Luego hemos demostrado que

$$(A, B; U, M) = (A, B; M, V),$$

es decir,

$$\frac{U - A}{M - A} : \frac{U - B}{M - B} = \frac{M - A}{V - A} : \frac{M - B}{V - B}.$$

Si M es el punto medio de AB, es decir, $M = (A + B)/2$, entonces podemos simplificar la ecuación superior y obtener

$$(U - A)(V - A) = (U - B)(V - B),$$

o bien, expandiendo y reagrupando,

$$(B - A)(U + V) = B^2 - A^2,$$

o dividiendo por $B - A$,

$$U + V = A + B.$$

Lo cual demuestra que el punto medio del segmento UV es

$$\frac{U + V}{2} = \frac{A + B}{2} = M,$$

tal como habíamos enunciado.

Así pues, vemos que lo que era un difícil problema de geometría, una vez entendido que pertenece a la geometría proyectiva y no a la euclidiana, puede demostrarse de manera natural y elegante. Este ejemplo, junto con muchos otros, demuestra que en matemáticas existen estructuras naturales, algo así como las ideas o formas puras que Platón imaginara. Los matemáticos, pues, tienen acceso al elegante reino de las estructuras naturales, de la misma forma que el filósofo, según Platón, puede acceder al luminoso mundo de las ideas puras. Para el ateniense, de hecho, un filósofo ha de ser también un geómetra, de modo que los matemáticos modernos son los legítimos descendientes de los filósofos-geómetras de la antigua Atenas por cuanto tienen acceso al mismo mundo de formas puras, eternas y serenas, y comparten su belleza con los dioses. Esta concepción de las matemáticas se ha dado en llamar platonismo matemático y, bajo una forma u otra, sigue gozando de aceptación entre muchos matemáticos pues, entre otras cosas, los eleva por encima del común de los mortales, pero no puede aceptarse sin ponerla en tela de juicio, de modo que más adelante nos ocuparemos de ella con detenimiento.

Llegados a este punto, sin embargo, hemos de abordar una cuestión de lo más chocante: ¿cómo es posible que el teorema de la mariposa figurase en una lista de «problemas antisemitas»? El escenario de la historia es la Unión Soviética de las décadas de los setenta y los ochenta. Como bien sabrá el lector, el extinto gigante euroasiático destacaba en muchos campos de la ciencia, en particular en matemáticas y física teórica. La excelencia científica se veía recompensada; la adhesión a la sinuosa línea del partido era un requisito menos imperioso en el ámbito científico que en otras parcelas de la vida soviética y los científicos se hallaban hasta cierto punto a salvo de los prejuicios de la casta dirigente. Con el tiempo, sin embargo, las autoridades, por medio de los comités del partido presentes en las universidades, tomaron medidas para cambiar esta situación. En concreto, limitaron la admisión de judíos y de otras minorías nacionales a las principales universidades (sobre todo a la de Moscú). La medida no se hizo explícita ni oficial pero se puso en práctica a base de suspender de forma selectiva en los exámenes de ingreso a los candidatos indeseables. Anatoly Vershik y Alexander Shen[2] han detallado en sendos artículos los problemas «asesinos» que utilizaban las autoridades académicas soviéticas para suspender a los estudiantes que no se consideraban étnica o políticamente correctos. Entre esos «problemas asesinos» figuraba la demostración del teorema de la mariposa y es evidente por qué: porque la forma natural de abordar el problema no lleva a ninguna parte. Existe, por supuesto, una solución relativamente simple y un matemático avezado termina dando con ella, pero pensemos en un joven que se presenta a un examen para entrar en la universidad y tiene que resolver semejante problema en un tiempo limitado.

He hablado de política soviética con unos cuantos colegas rusos (la mayoría de los cuales residen actualmente en Occidente). Uno de ellos, al explicarme cómo le suspendieron discriminatoriamente el examen de ingreso en la Universidad de Moscú pese a haber respondido correctamente todas las preguntas, parecía más triste que indignado. Hoy en día es un investigador matemático de gran éxito en los Estados Unidos, pero muchos de sus compatriotas vieron sus vidas destrozadas por el sistema. Y como me señaló otro colega, «por muy trágico que fuese el problema de la discriminación étnica a nivel individual, estamos hablando de una tragedia mínima en comparación con otras mucho mayores». Piénsese, efectivamente, en la «excesiva mortandad» de los campos de concentración del Gulag, los dieciséis millones de víctimas oficialmente reconocidas por las autoridades soviéticas. Con todo, aún en el caso de que se prefiera considerar una cuestión menor, el hecho de que las ciencias exactas se usasen como instrumentos de discriminación étnica y política afecta muchísimo a los matemáticos. Toda la vida pensando que las matemáticas pertenecían al sereno universo de las formas, la belleza y las ideas puras y de repente las vemos formando parte de un instrumental de herramientas de represión.

Las cosas han cambiado en Rusia, desde luego; en el citado artículo, Vershik menciona a varios funcionarios de la universidad que en su día participaron activamente en los programas de discriminación pero que, de repente, se han convertido en fervorosos demócratas que organizan veladas de cultura judía y cosas por el estilo. Y algunos colegas occidentales parecen ansiosos por creerse tan súbita mutación.

Estábamos hablando de matemáticas, ¿cómo es que me he ido por las ramas hasta terminar discutiendo de política? No soy ruso ni judío, y la Unión Soviética ya no existe. En la actualidad hay varias minorías en situaciones mucho más angustiosas que la de los judíos soviéticos. ¿No debería dejar a un lado las desagradables cuestiones políticas y preocuparme únicamente del hermoso mundo platónico de las formas? Lo cierto, sin embargo, es que, si bien los aspectos políticos y morales de la ciencia no son el tema central de este libro, tampoco podemos hacer como si no existiesen. Los científicos, en general, me parecen buena gente pero no cabe duda de que algunos son unos malnacidos y otros unos farsantes[3]. De vez en cuando me impresiona la entereza moral de un colega... y me deprime la flaqueza de otro. Podría decirse que las cuestiones morales no forman parte de la ciencia, pero excluir y amordazar a ciertos científicos por razones extracientíficas puede tener consecuencias trascendentales. Más adelante veremos otros ejemplos de esta lamentable situación.

La unidad
de las matemáticas

A partir de una lista de axiomas y reglas de deducción hemos visto cómo puede desarrollarse la geometría a base de demostrar un teorema tras otro. Pero las matemáticas no son sólo geometría. También existe, por ejemplo, la aritmética. En este caso empezamos con los números 1, 2, 3, 4... denominados números enteros (positivos). Con números enteros es posible efectuar sumas, 7 + 7 + 7 = 21, y multiplicaciones, 7 x 3 = 21. También es posible definir los números primos, 2, 3, 5, 7, ..., 137, ... (aquellos números enteros que no pueden expresarse como producto de dos factores distintos de la unidad); acabamos de ver que 21 no es primo. Hay un número infinito de números primos, como ya sabía Euclides, pero los matemáticos modernos todavía se hacen muchas preguntas sobre ellos[1].

Algunos números con los que se trabaja en geometría no son enteros, por ejemplo, las fracciones, 1/2, 2/3... También hay números reales que no son fracciones, como $\sqrt{2} = 1,41421...$ o $\pi = 3.14159...$ El número $\sqrt{2}$ es la diagonal del cuadrado de lado 1; Euclides ya sabía (y Pitágoras puede que también) que $\sqrt{2}$ no es una fracción. El número π es la circunferencia de un círculo de diámetro 1; que π no es una fracción es algo que se descubrió en tiempos modernos (siglo XVIII).

Podría dejarme llevar fácilmente y ponerme a contar la saga de las matemáticas. Por ejemplo, cómo se demuestra una fórmula milagrosa como[2]

$$1 + \frac{1}{4} + \frac{1}{9} + \frac{1}{16} + ... = \frac{\pi^2}{6}$$

y cosas por el estilo, pero no es lo que me propongo hacer aquí. Lo que acabo de señalar indica dos tendencias fundamentales en el desarrollo de las matemáticas: diversificación y unificación.

Está claro cómo surge la diversificación: cualquiera puede crear un nuevo sistema de axiomas y empezar a derivar teoremas, creando así una nueva rama matemática. Huelga decir que hay que evitar aquellos sistemas de axiomas que lleven a contradicciones y que algunos sistemas resultarán más interesantes que otros. Pero las matemáticas tienen muchas ramas: geometría, de la que primero nos hemos ocupado; aritmética, que trata de números enteros y cuestiones relacionadas; análisis, heredera del cálculo infinitesimal de Newton y Leibniz[3]. Y luego hay una serie de temas más abstractos, como la teoría de conjuntos, la topología, el álgebra, etcétera, con lo cual puede dar la impresión de que las matemáticas se desintegran ante nuestros ojos en una nube de asuntos inconexos.

Sin embargo, no son inconexos. Por ejemplo, acabamos de ver que los números reales como $\sqrt{2}$ o π aparecen en problemas de geometría. De hecho, la geometría euclidiana y los números reales guardan una estrecha relación. Desde Euclides hasta el siglo XIX los números reales se manejaban mediante la geometría: un número real se expresaba como la proporción de la longitud de dos segmentos. (Hoy esta forma de operar nos parece engorrosa, lo cual explica, al menos en parte, por qué leer las matemáticas de Newton resulta poco menos que un suplicio.) En la dirección contraria, Descartes nos enseñó cómo hacer geometría euclidiana con números naturales. Trazamos dos ejes perpendiculares, Ox y Oy, y representamos un punto P_1 del plano mediante sus coordenadas x_1, y_1 (que son números reales), y hacemos otro tanto con P_2:

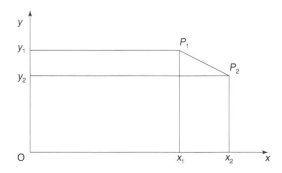

Según el teorema de Pitágoras, la longitud del segmento P_1P_2 es $\sqrt{(x_2 - x_1)^2 + (y_2 - y_1)^2}$, de modo que un problema de geometría puede resolverse operando formalmente con números (esto es, mediante álgebra).

En la ilustración superior el punto O tiene como coordenadas 0,0, luego podemos escribir $O = (0,0)$. Del mismo modo, $P = (x, y)$ significa que el punto P tiene como coordenadas x, y. El círculo de radio 1 con centro en O consiste en esos puntos $P = (x, y)$ tales que

$$x^2 + y^2 - 1 = 0.$$

Decimos que $x^2 + y^2 = 1$ es la ecuación del círculo en cuestión (ilustración de la izquierda):

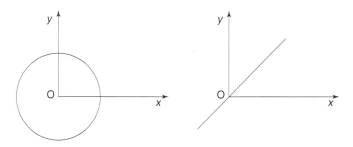

La línea diagonal que pasa por O en la ilustración de la derecha tiene como ecuación:

$$x - y = 0.$$

La idea de representar curvas mediante ecuaciones ha resultado muy fructífera, no en vano dio lugar a la denominada geometría algebraica.

Descartes mostró cómo convertir problemas de geometría en problemas de números en una época en la que la moderna teoría de los números reales aún no se había desarrollado. En la actualidad, sin embargo, contamos con procedimientos axiomáticos sencillos y eficaces para operar con números reales. En cambio, la descripción axiomática de la geometría euclidiana (heredada de Euclides y dotada de un mayor rigor por Hilbert) es un galimatías. Actualmente, la manera más eficaz de manejar la geometría euclidiana es empezar por los axiomas de los números reales, emplear el lenguaje de Descartes (coordenadas cartesianas) para pasar a la geometría, establecer como teoremas una serie de hechos geométricos (entre ellos los axiomas de Euclides-Hilbert), y por último usar estos hechos para derivar teoremas de geometría al euclidiano modo.

Permítaseme, en este punto, abrir un paréntesis acerca del papel de los axiomas en la práctica matemática y declarar que su importancia es bastante limitada. La afirmación puede resultar sorprendente después de tanto como hemos insistido en definir las matemáticas en términos de axiomas. Lo que ocurre en la práctica es que uno parte de un número de hechos conocidos, que pueden ser axiomas o, más frecuentemente, teoremas ya demostrados (como el de Pitágoras en la geometría euclidiana), y a partir de estos hechos procede a derivar nuevos resultados.

La idea, pues, es que se puede construir una rama de las matemáticas usando los axiomas de otra y complementándolos con las definiciones apropiadas. Si se hace repetidamente, es de esperar que se pueda presentar el conjunto de las matemáticas como una construcción unificada basada en un pequeño número de axiomas. Esta esperanza ha sido uno de los principales estímulos que animaron el desarrollo de las matemáticas en los siglos XIX y XX, y podría decirse que se ha visto cumplida aunque no sin sus crisis y sus sorpresas. Entre los nombres asociados a esta peripecia figuran los de Georg Cantor[4], David Hilbert, Kurt Gödel, Alan Turing[5], Nicolas Bourbaki y muchos otros. Más adelante tendremos ocasión de retomar partes de esta historia, pero de momento vamos a detenernos en el curioso caso del matemático francés Nicolas Bourbaki.

Francia, por motivos históricos, es un país sumamente centralizado. Como consecuencia, la investigación y enseñanza científicas han estado por lo general bajo el control de una minoría anciana y poderosa, un control que ha resultado penoso para los científicos jóvenes y brillantes. Con el tiempo, no obstante, los viejos tiranos terminan muriendo y el poder pasan a ejercerlo los jóvenes y brillantes científicos que, entre tanto, han envejecido. Andando el tiempo, éstos se convierten a su vez en viejos tiranos y se retorna a la situación inicial. Habrá quien deplore este devenir de los acontecimientos pues en no pocas ocasiones sus consecuencias son catastróficas para la ciencia, pero también es cierto que a veces han dado excelentes frutos. ¿Por qué excelentes? Pues porque exoneran a los jóvenes brillantes de cualquier responsabilidad práctica que les robaría demasiado tiempo, permitiéndoles ser productivos en el plano científico. Ya hemos visto como, por motivos similares, la ciencia soviética también alcanzó un alto grado de calidad en ciertos ámbitos de la investigación.

Bien, el caso es que a finales de 1934, algunos antiguos alumnos de la Ecole Normale Supériere, los matemáticos franceses Henri Cartan (1904-), Claude Chevalley (1909-1984), Jean Delsarte (1903-1968), Jean Dieudonné (1906-1992) y André Weil (1906-1998), decidieron enfrentarse al anticuado estamento matemático que los rodeaba y escribir un tratado de análisis. El análisis comprende cosas como las integrales múltiples o la fórmula de Stokes que son de uso corriente en la física teórica. La idea de estos jóvenes revolucionarios era desarrollar esta rama de las matemáticas con el mayor rigor posible hasta llegar a la fórmula de Stokes. Como se trataba de un esfuerzo colectivo, decidieron ocultar sus identidades bajo un pseudónimo común, Nicolas Bourbaki (jocosamente inspirado en Charles Bourbaki, un general francés del siglo XIX un tanto olvidado).

Cimentar el análisis sobre una base rigurosa implica partir de los axiomas. Ahora bien, no de los axiomas del análisis. Como hemos visto, lo deseable es integrar todas las matemáticas, incluido el análisis, en una estructura unificada a partir exclusivamente de unos pocos axiomas. Después de un siglo entero de reflexión matemática se ha demostrado que un buen punto de partida son los axiomas de la teoría de conjuntos. Esta rama de las matemáticas se ocupa de grupos de objetos llamados conjuntos (como, por ejemplo, el conjunto $\{a, b, c\}$ consistente en las letras a, b, c). Se pueden contar los objetos de un conjunto y unir conjuntos diferentes (uniendo $\{a, b, c\}$ y $\{A, B, C\}$ se obtiene $\{a, b, c, A, B, C\}$. Parece algo carente del más mínimo interés y muy poco prometedor pero, al ser tan simple, resulta un buen punto de partida para las matemáticas consideradas como un todo. En teoría de conjuntos es posible analizar axiomas y reglas de deducción lógicas con la mayor claridad. ¿Cómo se hace para obtener el resto de las matemáticas a partir de la teoría de conjuntos? Contando los objetos de un conjunto se obtienen los números enteros 0, 1, 2, 3, … A partir de los enteros se pueden definir quebrados y números reales (utilizando las ideas de Richard Dedekind o de Cantor). A partir de los números reales se obtiene, como hemos visto, la geometría. Y así sucesivamente.

Las directrices de la tarea que los jóvenes miembros de Bourbaki tenían por delante parecían bastante claras y era lógico que esperasen completarla en poco tiempo. Lo cierto, sin embargo, es que a lo largo de unos cuantos años fueron apareciendo numerosos volúmenes de teoría de conjuntos, álgebra, topología, etcétera, escritos por varias generaciones de matemáticos (el colectivo Bourbaki fijó la edad de jubilación en cincuenta años). Esta obra tuvo un notable impacto normativo: la notación y la terminología fueron objeto de meticuloso estudio y los aspectos estructurales de las matemáticas se investigaron minuciosamente. Vista en retrospectiva, es evidente que la rigurosa ideología de Bourbaki, sistemática y unificadora, ha sido un elemento fundamental de las matemáticas del siglo XX... aunque no gozase de las simpatías de todos.

Naturalmente, los matemáticos que a mediados de la década de 1930 fundaron el colectivo Bourbaki no sabían adónde terminaría llevando su iniciativa, pero eran unos entusiastas. Y además muy agudos. Piénsese, por ejemplo, en André Weil. Un día alguien le preguntó: «¿Puedo preguntarle una tontería?», y Weil respondió: «Acaba usted de hacerlo». En vísperas de la Segunda Guerra Mundial, el matemático decidió que esas disputas nacionalistas no iban con él y trató de huir de la contienda refugiándose en Finlandia. Allí cayó prisionero, se libró por los pelos de morir ejecutado por espía y fue deportado a Inglaterra y posteriormente a Francia, donde de nuevo estuvieron a punto de ejecutarlo, esta vez por tratar de eludir sus obligaciones militares. Finalmente viajó a los Estados Unidos, donde desarrolló una brillante carrera matemática que culminó en las llamadas conjeturas de Weil. La posterior demostración de estas conjeturas a cargo de Grothendiek[6] y Pierre Deligne[7] constituyó un hito en las matemáticas del siglo XX. Las opiniones políticas de André Weil con respecto a la Segunda Guerra Mundial pueden, desde luego, cuestionarse pero hay que reconocer que son una prueba de su independencia de criterio. Y esta independencia le vino bien en su creativo desempeño matemático, que se caracteriza por una sana irreverencia hacia los logros de sus predecesores en el campo de la geometría algebraica.

Si hablamos de André Weil no podemos dejar de referirnos a su hermana Simone, el miembro mejor conocido de la familia Weil en la comunidad intelectual europea. Simone fue una filósofa y una mística cuya evolución personal la hizo renunciar al judaísmo de su familia para abrazar el cristianismo. Si sus experiencias sociales y religiosas le inspiraron una serie de libros influyentes, los problemas de la preguerra y los horrores de la guerra en sí la afectaron terriblemente, y murió en 1943 en Inglaterra como consecuencia de la inanición que ella misma se provocó.

¿Y qué ocurrió con Bourbaki? Pues que de joven y revolucionario pasó a ser importante y prestigioso y, finalmente, tiránico y senil. Sus dos últimas publicaciones datan de 1983 y 1998, y probablemente ya no habrá más. Bourbaki ha muerto[8]. Los supervivientes de la época creativa del colectivo hoy son viejos matemáticos, en su mayoría coronados de laureles. Las matemáticas han asimilado las ideas de Bourbaki, y han seguido adelante.

Un vistazo
a la geometría
algebraica
y a la aritmética

Si quisiéramos hacer la lista de los matemáticos más importantes del siglo XX, un nombre inevitable sería el de David Hilbert. También podríamos añadir los de Kurt Gödel (aunque fue más lógico que matemático) y Henri Poincaré[1] (aunque siempre se dice que perteneció más al siglo XIX que al XX). A partir de estos tres nombres la cosa se complica y cada matemático elaboraría una lista diferente. Tenemos muy reciente el siglo XX como para disponer de una perspectiva satisfactoria. A veces ocurre que un matemático recibe un premio importante por la demostración de un arduo teorema pero su renombre posteriormente se desvanece. En otras ocasiones lo que sucede es que la obra de un matemático, considerada a posteriori, resulta haber sido crucial para el desarrollo de la disciplina y su nombre surge del anonimato para asentarse entre las grandes personalidades de la ciencia. Un nombre cuya reputación dista mucho de haberse desvanecido es el de Alexander Grothendieck. Fue colega mío en el Institut des Hautes Etudes Scientifiques de París (IHES) y, si bien nunca intimamos demasiado, los dos estuvimos involucrados en una serie de acontecimientos que se saldaron con su salida del IHES y su exclusión de la comunidad matemática. Él mismo se excluyó. O podría decirse que rechazó a sus viejos amigos de la comunidad matemática francesa y que entonces éstos lo rechazaron a él. Más adelante relataré cómo se produjo este rechazo mutuo.

Antes, sin embargo, quiero decir algo sobre las matemáticas de Grothendieck, la última gran obra matemática escrita en francés, las miles de páginas de *Eléments de Géométrie Algébrique* y del *Séminaire de Géométrie Algébrique*. En los inicios de su carrera, Grothendieck se dedicó a problemas de análisis, un campo al que hizo importantes y perdurables contribuciones, pero la gran labor de su vida la llevó a cabo en el ámbito de la geometría algebraica. Se trata de un trabajo sumamente técnico pero, dada su magnitud, resulta apreciable incluso por los no especializados, como una montaña altísima cuya cumbre pueden divisar desde lejos hasta los más incapaces de escalarla.

La geometría algebraica, como hemos visto, empezaba con la descripción de curvas en el plano mediante ecuaciones que podemos expresar simbólicamente así:

$$p(x, y) = 0.$$

Un punto $P = (x, y)$ de la curva tiene como coordenadas x, y, que, en los ejemplos que hemos visto anteriormente, satisfacían la ecuación $x^2 + y^2 - 1 = 0$ (círculo) o $x - y = 0$ (recta). Ahora, en lugar de $x^2 + y^2 - 1$ o $x - y$ vamos a considerar de forma más general un polinomio $p(x, y)$, esto es, una suma de términos $ax^k y^l$ donde x^k es x elevado a la k-sima potencia, y^l es y elevado a la l-sima potencia y el coeficiente a es un número real. Si $k + l$ sólo puede ser 0 o 1, tenemos un polinomio de la forma

$$p(x, y) = a + bx + cy,$$

del que se dice que es de grado 1, y la curva descrita por $p(x, y) = 0$ es una recta. Si $k + l$ puede ser 0, 1 o 2, lo que tenemos entonces es un polinomio de grado 2,

$$p(x, y) = a + bx + cy + dx^2 + exy + fy^2,$$

que corresponde a una curva cónica. Este tipo de curvas, también llamadas secciones cónicas y estudiadas por geómetras griegos tardíos, comprenden las elipses, las hipérbolas y las parábolas.

La descripción de curvas mediante ecuaciones tiene la ventaja de que se puede alternar entre geometría y cálculo usando polinomios. Piénsese en la siguiente verdad geométrica: a través de cinco puntos dados en el plano, en general sólo pasa una cónica. El teorema, enunciado con mayor precisión, es el siguiente: *si dos cónicas tienen cinco puntos en común, entonces tienen infinitos puntos en común*. Este teorema geométrico es un tanto sutil pero se traduce en un repertorio de soluciones de ecuaciones polinómicas que a un matemático moderno le resultan más lógicas y naturales[2]. En general podría decirse que la combinación de la intuición y el lenguaje geométricos con la manipulación algebraica de ecuaciones ha resultado ser sumamente provechosa.

El desarrollo de una rama de las matemáticas suele venir determinado por el objeto de estudio en cuestión, como si alguien les dijese a los matemáticos: mirad esto, formulad tal definición y obtendréis una teoría más bella y natural. Así ha ocurrido con la geometría algebraica, cuyo desarrollo, por así decirlo, les ha sido revelado a los matemáticos por el propio objeto de la disciplina. Por ejemplo, hemos usado los puntos $P = (x, y)$, donde las coordenadas x, y eran números reales, pero algunos teoremas poseen una formulación más sencilla si se permite que x, y sean números complejos. Por eso la geometría algebraica clásica en gran medida emplea números complejos y no reales. Esto significa que, además de los puntos reales de una curva, también se tienen en cuenta los puntos complejos, y asimismo es natural introducir los llamados puntos del infinito. Lo que se pretende, por supuesto, no es estudiar tan sólo curvas en el plano sino también curvas (y superficies) en el espacio tridimensional, y pasar a espacios de más de tres dimensiones, lo cual obliga a considerar un conjunto de varias ecuaciones (que definen lo que se denomina una variedad algebraica) en lugar de una sola. Las variedades algebraicas, tal y como acabo de presentarlas, están definidas por ecuaciones en el plano o en algún espacio de más dimensiones, pero también podemos olvidarnos del espacio y estudiarlas sin hacer referencia a lo que las rodea. Esta línea de pensamiento la inauguró Riemann en el siglo XIX y le llevó a formular una teoría intrínseca de curvas algebraicas complejas.

La geometría algebraica consiste en el estudio de variedades algebraicas. Aunque se trata de un tema difícil y muy técnico, es posible esbozar a grandes rasgos cómo se ha desarrollado.

Más arriba señalé que resulta interesante desarrollar la geometría algebraica con números complejos en lugar de reales. Podemos sumar, restar, multiplicar y dividir números reales del modo habitual (dividir por 0 no está permitido), posibilidad que se expresa diciendo que los números reales forman un campo: el campo real. De manera análoga, los números complejos forman el campo complejo. Y hay muchos otros campos, algunos de los cuales (los llamados campos finitos) sólo tienen un número finito de elementos. André Weil sistematizó la geometría algebraica partiendo de un campo arbitrario.

Ahora bien, ¿por qué ir de los números reales o complejos a un campo arbitrario? ¿Por qué ese afán de generalizar? Responderé con un ejemplo: en lugar de decir que $2 + 3 = 3 + 2$, o que $11 + 2 = 2 + 11$, los matemáticos prefieren decir que $a + b = b + a$. Es igual de sencillo pero, al ser más general, resulta más útil. Enunciar cosas al nivel de generalidad adecuado es todo un arte que se ve recompensado por la obtención de una teoría más natural y universal, y también, lo cual es muy importante, por la respuesta a preguntas que podían plantearse pero no responderse en la teoría menos general.

Llegados a este punto, me gustaría saltar de la geometría algebraica a algo aparentemente muy distinto: la aritmética. Esta rama de las matemáticas se ocupa, por ejemplo, de hallar unos números enteros x, y, z tales que

$$x^2 + y^2 = z^2.$$

Una solución es $x = 3, y = 4, z = 5$, y las demás soluciones posibles se conocen desde los griegos. Ahora bien, ¿y si sustituimos los cuadrados x^2, y^2, z^2 por potencias n-simas con un entero $n > 2$? El último teorema de Fermat afirma que

$$x^n + y^n = z^n$$

no tiene solución con los números enteros (positivos) x, y, z si $n > 2$. En 1637 Pierre Fermat[3] creyó tener una demostración del citado aserto (posteriormente conocido como «el último teorema de Fermat») pero lo más probable es que estuviese en un error. En 1995 Andrew Wiles[4] publicó finalmente una demostración verdadera, aunque es tan sumamente larga y complicada que más de uno se preguntará si merece la pena tamaño esfuerzo para demostrar un resultado de nulo interés práctico. A decir verdad, el mayor interés del último teorema de Fermat es lo difícil que resulta demostrar algo tan sencillo de enunciar. Por lo demás, no es más que una de las consecuencias del tremendo desarrollo de la aritmética en la segunda mitad del siglo XX.

La aritmética consiste básicamente en el estudio de los números enteros y uno de sus problemas cardinales es la resolución de ecuaciones polinómicas (por ejemplo, $p(x, y, z) = 0$, donde podríamos tener $p(x, y, z) = x^n + y^n - z^n$) en términos de números enteros (es decir, x, y, z son enteros). Presentada así, la aritmética parece muy similar a la geometría algebraica: las ecuaciones polinómicas se intentan resolver en términos de números enteros en lugar de complejos. ¿Se pueden, entonces, unificar la geometría algebraica y la aritmética? En realidad, existen profundas diferencias entre las dos ramas toda vez que las propiedades de los números enteros son muy diferentes de las de los complejos. De hecho, si $p(z)$ es un polinomio en una variable z, siempre habrá un valor complejo de z tal que $p(z) = 0$. (Este hecho se conoce como el «teorema fundamental del álgebra».) Pero nada de eso es válido en materia de números enteros. Por resumir una (muy) larga historia, es posible unificar la geometría algebraica y la aritmética pero el precio a pagar es una enorme labor a nivel de fundamentos: hay que reconstruir la geometría algebraica sobre una base (mucho) más general. Ésta fue la grandiosa tarea de Alexander Grothendieck.

En la época en que Grothendieck entró en escena ya se había introducido en la geometría algebraica una poderosa idea: en lugar de contemplar una variedad algebraica como un conjunto de puntos, los matemáticos se concentraban en las funciones continuas y derivables (las llamadas funciones «buenas») de la variedad o de partes de la variedad. Estas funciones buenas son cocientes de polinomios y tienen sentido en aquellas partes de la variedad donde los denominadores no desaparecen. Pueden sumarse, restarse o multiplicarse (la división no suele ser posible pues no da como resultado una función buena). Las funciones buenas no forman un campo sino otra cosa llamada «anillo». Los números enteros (positivos, negativos y cero) también forman un anillo. La idea de Grothendieck era empezar con anillos arbitrarios y ver hasta qué punto podían comportarse como los anillos de las funciones buenas en la geometría algebraica y qué condiciones había que introducir para que los resultados de ésta siguiesen siendo válidos, siquiera parcialmente.

El programa de Grothendieck intimidaba por su ambición generalista, su magnitud y su dificultad. Hoy sabemos que la empresa resultó un éxito pero pensar en la fortaleza y el coraje intelectual necesarios para poner en marcha semejante proyecto y mantenerlo vivo supone toda una lección de humildad. Algunos de los mayores logros matemáticos de finales del siglo XX están basados en la concepción de Grothendieck: la demostración de las conjeturas de Weil y la nueva comprensión de la aritmética, que hizo posible abordar el último teorema de Fermat. No obstante, estas aplicaciones de las ideas del visionario matemático francés fueron en gran medida fruto del trabajo de otros y cuando se materializaron él ya había dejado las matemáticas. En el próximo capítulo trataré de contar lo que sucedió pero no cabe duda que una parte de la historia es la siguiente: la pasión de Grothendieck era desarrollar nuevas ideas generales, revelar grandiosos paisajes matemáticos, para lo cual requería tanta energía como inteligencia. Pero la inteligencia en sí no era un fin. Habrá quien lamente que dejase una construcción incompleta, pero es que la minuciosa adición de detalles no le interesaba gran cosa. La verdadera pérdida no fue ésa sino las nuevas sendas de conocimiento que podría habernos abierto si no hubiese abandonado las matemáticas, o si las matemáticas no lo hubiesen abandonado a él.

Viaje a Nancy con Alexander Grothendieck

El IHES, donde tuve trato con Grothendieck, es un pequeño instituto de investigación para matemáticos y físicos teóricos situado en las afueras de París. Fundado a finales de la década de los cincuenta y financiado con fondos privados, el IHES nació con el fin de permitir que unos pocos científicos se consagrasen a su labor sin tener que preocuparse de nada más. Su fundador, Lèon Motchane, un excéntrico hombre de negocios retirado, había nacido con el siglo y procedía originalmente de San Petersburgo (se negaba a usar el nombre de Leningrado). Cuando lo conocí en 1964 era un distinguido y anciano caballero que había llevado una vida de lo más variada. Antes de dedicarse a los negocios había estudiado matemáticas (con Paul Montel[1]). Durante la Segunda Guerra Mundial había luchado contra los nazis[2] en la resistencia francesa y también había pasado parte de su vida en África. Recuerdo que al preguntarle qué había hecho allí me contestó: «Permita a este anciano olvidar ciertas cosas…». Parte de la historia de la fundación del IHES se explica por un romance cuidadosamente oculto entre Léon Motchane y Annie Rolland: él fue el primer director del centro y ella la secretaria general. Ambos se retiraron en 1971 y acto seguido, para sorpresa de muchos, se casaron. Su dedicación y los buenos consejos que Motchane recibió de gente como el matemático francés Henri Cartan y el físico estadounidense Robert Oppenheimer[3] garantizaron el éxito original del Institut y la época dorada que conoció en los años sesenta y setenta.

Baste recordar que, en la década de los sesenta, las matemáticas en el IHES estaban representadas nada menos que por un joven René

Thom[4] y un no menos joven Alexander Grothendieck. Con todo, pese al apabullante nivel científico, el lugar me resultó a la sazón carente de todo prestigio y sin asomo de pretensión: no había profesores y ninguno de los científicos tenía el pelo cano. (Motchane sí lucía una cabellera blanca de lo más distinguida.) Puede sonar extraño que presente al IHES como carente de prestigio cuando René Thom ostentaba una medalla Fields (el galardón matemático más prestigioso de la época), pero por aquel entonces la condecoración tenía menos importancia que en la actualidad, sobre todo en Francia. Además, si bien Thom y Grothendieck poseían considerables ambiciones intelectuales, ninguno perseguía el prestigio como tal. Entre los recuerdos que atesoro de aquel periodo, permítaseme evocar la ocasión en que Grothendieck asistió a un seminario impartido por Thom (algo fuera de lo común) y formuló una pregunta que éste contestó con una de sus habituales respuestas un tanto confusas. Ni corto ni perezoso Grothendieck replicó que semejante respuesta era el típico error de todos los principiantes. Sería mucho decir que a Thom le encantó la pulla de su colega, pero lo cierto es que la aceptó de buen grado. Todos los científicos del lugar eran jóvenes y bastante relajados. El Instituto era nuevo, estaba al margen del sistema francés, y no teníamos la sensación de que hubiese que respetar ninguna tradición. Todo el mundo disponía de una maravillosa oportunidad para explorar su propio camino intelectual hasta el límite y eso fue, de una forma u otra, lo que todos hicieron.

Alexander Grothendieck nació en Berlín en 1928[5]. Su padre había sido un revolucionario ruso que, al no ser bolchevique, salió de Rusia cuando Lenin se hizo con el poder y que tomó parte en varios conflictos europeos. Luchó junto a los republicanos españoles y tras la victoria de Franco se refugió en Francia, pero cuando la guerra europea se hizo inminente las autoridades francesas lo recluyeron en un campo de prisioneros. Posteriormente fue entregado a los alemanes y enviado a Auschwitz, donde moriría. En una de las paredes del pequeño despacho que Alexander Grothendieck ocupó en la década de los sesenta, justo encima de la cocina del IHES, colgaba un retrato al óleo de su padre, al que apenas conoció. Alexander, cuyo apellido, de hecho, era el de su madre, Hanka Grothendieck, pasó parte de su juventud en Alemania, parte en Francia, parte en libertad, parte escondido, y parte en un campo de concentración.

Al terminar la guerra, Grothendieck empezó a estudiar matemáticas en la universidad de Montpellier, donde permaneció desde 1945 a 1948. Insatisfecho con el nivel de las enseñanzas recibidas y desconocedor del concepto de la integral de Lebesgue (que databa de 1902), el joven berlinés redescubrió por sí solo la teoría de la medida. En 1948 se trasladó a París, donde entró en contacto con el mundo matemático moderno. Asistió a las conferencias y al seminario de Henri Cartan y conoció a Jean-Pierre Serre, Claude Chevalley y Jean Leray (1906-1998), tres matemáticos que ejercerían una enorme influencia en él. De 1949 a 1953 residió en Nancy (un lugar por entonces mucho mejor que Montpellier) y fue reconocido como un brillante joven valor de las matemáticas por su trabajo en análisis funcional. Después de Nancy pasó un par de años viajando (São Paulo, Kansas) y cuando finalmente llegó al IHES, en 1958, su interés ya se había desplazado del análisis funcional a la geometría algebraica y la aritmética. Durante más de una década trabajó como un titán en sus *Eléments de Géométrie Algébrique* y todos los martes en el IHES impartía su *Séminaire de Géométrie Algébrique*, al que asistía lo más granado de la elite matemática francesa. Salvo los martes, día en que acudía al Instituto, Grothendieck trabajaba en casa. Y vaya si trabajaba. Su excepcional capacidad de trabajo iba aparejada de las dos cualidades indispensables para ser un matemático creativo: fiabilidad técnica e imaginación. Además, el tema en el que trabaja por aquella época, una combinación de geometría algebraica y aritmética, se ajustaba perfectamente al tamaño de su talento. Pero también se vio favorecido por otras circunstancias: no tenía obligaciones docentes ni administrativas; apenas invertía tiempo en estudiar los trabajos de sus colegas, pues éstos le explicaban sus ideas directamente; y como enorme ventaja definitiva, contó con Jean Dieudonné[6]. Este matemático de gran fuste, miembro de Bourbaki e igualmente dotado de una inmensa capacidad de trabajo, decidió oficiar de secretario científico de Grothendieck: era capaz de entender sus ideas y de transcribirlas cuidadosamente en lenguaje matemático. Éstas eran las circunstancias bajo las cuales tuvo lugar ese milagro que fue la contribución de Grothendieck a las ciencias exactas.

Tanto en su vida diaria como en su labor matemática Grothendieck usaba el francés, pero su lengua materna era el alemán. Pese a tener el retrato de su padre colgado en su despacho, no daba ninguna importancia a su ascendencia judía y prefería usar el apellido de su madre; el padre pudo haber luchado en guerras revolucionarias, pero el hijo salió antimilitarista a ultranza. Residía en Francia pero mantuvo la condición de apátrida hasta 1980. Y aun siendo como era una figura cardinal de la comunidad matemática francesa, siempre tuvo una mancha en el currículo: no haber estudiado en la Ecole Normale. Todas estas discrepancias pueden tener sutiles explicaciones pero apuntan a un hecho meridiano: Alexander Grothendieck eligió su identidad a conciencia. Con todo, también era capaz de cambiar de idea tras la debida reflexión. Ser matemático fue idea suya, pero ser miembro de la exclusiva élite de los matemáticos parisinos es algo que le vino dado, y con el tiempo terminaría bastante disgustado por verse atrapado en tal situación.

Mis intereses científicos eran bastante diferentes de los de Grothendieck, pero entre 1964 y 1970 tuve ocasión, como colegas que éramos, de conocerlo razonablemente bien. Era un hombre bastante apuesto, con la cabeza rapada al cero. Su coraje personal saltaba a la vista: en las situaciones difíciles no escurría el bulto. De esto tuvimos sobrados ejemplos en sus enfrentamientos con Motchane. En realidad era menos agresivo que muchos otros y siempre estaba dispuesto a debatir, pero no aceptaba ningún argumento que no lo convenciese. Tenía carisma, qué duda cabe, y las cuestiones morales como el antimilitarismo le parecían fundamentales, pero en otras ocasiones podía mostrarse insensible y hasta brutal. Puestos a compararlo con otros matemáticos, diría que tenía una personalidad más rica que la mayoría de ellos[7], y también algo de la rigidez intelectual que suele caracterizarlos. Personalmente, prefería no intimar con él pero debo reconocer que, además de admiración por el matemático, sentía simpatía por la persona. La gente con valor e inquietudes morales escasea, y en este sentido los científicos no son una excepción.

En 1964, cuando llegué al IHES, el lugar era fantástico en lo intelectual, pero también tenía sus dificultades. Una de las primeras cosas que oí (de boca de René Thom) fue que las nóminas de los profesores a veces se retrasaban. Posteriormente el Instituto tuvo que vender sus bienes para sobrevivir. (Tuve que pedir un crédito para comprar el apartamento en el que vivía alquilado y no verme en la calle.) Los profesores de entonces (René Thom, Louis Michel[8], Alexander

Grothendieck y yo) reconocíamos sin la más mínima reserva la enorme dedicación de Motchane, pero su comportamiento, cada vez más imprevisible, empezó a preocuparnos, así como el problema de su sucesión. En 1969 celebramos una serie de reuniones privadas y finalmente (en el comedor de Louis Michel) redactamos una carta dirigida a nuestro director solicitándole formalmente que convocase una reunión del comité científico del IHES para tratar la situación. La propuesta no fue bien recibida y las cosas no tardaron en agriarse. Motchane contraatacó, manipulando hechos sin preocuparse mucho por la verdad, amenazando con cerrar el Instituto, y cosas por el estilo. En cierta ocasión nos presentó un extracto del acta de una reciente reunión del comité en la que supuestamente lo habíamos vuelto a nombrar director por cuatro años más. Nadie recordaba semejante decisión y jamás llegamos a ver el acta de la que habría salido dicho extracto. Motchane también trató de orquestar su sucesión sin consultar al comité científico (lo cual violaba los estatutos del IHES). Algunos colegas de fuera del Instituto nos escribieron informándonos de que Motchane se había puesto en contacto con ellos pero les había encarecido que no nos contasen nada. Aun así nos avisaron, pero a su vez también nos pidieron que no se lo mencionásemos a nuestro director. Leyendo con más atención los estatutos del IHES, redactados por Motchane y a primera vista muy generosos con los profesores, nos percatamos de que no estipulaban la posibilidad de obligar al director a hacer nada contra su voluntad. En un momento dado, durante este confuso periodo, Grothendieck descubrió que el Instituto había recibido dinero del ejército y dijo que si esas donaciones continuaban, se vería obligado a dimitir, pero parece ser que esa financiación militar estaba tocando a su fin y el incidente no pasó a mayores.

El 20 de febrero de 1970, tras debatirlo con Michel y Thom, Grothendieck y yo partimos hacia Nancy para reunirnos con el presidente del consejo de administración. El viaje fue bastante inútil pero me brindó la oportunidad de pasar unas cuantas horas en el tren con Grothendieck. Hablamos de física teórica. Me hacía preguntas muy meditadas y comentaba mis respuestas con gran interés. Por aquel entonces también andaba informándose sobre biología con ayuda de su amigo Mircea Dumitrescu. Como le ocurre a mucha gente al cumplir los cuarenta y con la perturbadora influencia de los acontecimientos del mayo del 68 francés, es evidente que Grothendieck estaba replanteándose el rumbo de su existencia. No se limitaría a seguir trabajando, como hasta entonces, en los fundamentos de la geometría algebraica, y llegó incluso a anunciar que abandonaría las matemáticas, aunque esta declaración no le impediría con posterioridad llevar a cabo un trabajo excelente a pesar de lo desfavorable de las circunstancias.

Volvamos al IHES a comienzos de 1970. Aunque el clima se deterioraba progresivamente, todos confiábamos en que las cosas terminarían por arreglarse. Recuerdo que me topé con Grothendieck en el metro (en Massy-Palaiseau) y me dijo: «Estamos todos enfadados con Motchane pero ya verás como dentro de un par de años nos reiremos de todo el asunto» (*on en rigolera*). Sin embargo, no fue así. En las discusiones con Motchane, Grothendieck solía ser más franco y directo que los demás, incluido yo mismo. En consecuencia, Motchane daba por hecho que era nuestro «cabecilla» y le tomaba el pelo. En un momento dado, Grothendieck debió de pensar que la farsa ya había durado más de la cuenta y en una de nuestras reuniones con el director lo llamó «maldito mentiroso»[9]. (No recuerdo el motivo exacto de la acusación.) A raíz de este incidente, Motchane anunció que el IHES estaba recibiendo de nuevo dinero del ejército y Grothendieck presentó su dimisión.

Nunca más volví a verlo. Se mezcló con un pequeño grupo antinuclear, viajó y llevó a cabo unos cuantos intentos por conseguir una posición académica aceptable en Francia. Comoquiera que dichos intentos fueron en gran medida infructuosos, hubo de contentarse con una plaza de profesor en la provinciana Universidad de Montpellier, la misma donde estudiara en 1945. En 1981 recibió, en palabras suyas, «un puñetazo en toda la boca» (*un coup de poing en pleine gueule*) cuando un comité compuesto por tres antiguos alumnos suyos rechazó su candidatura al puesto de catedrático. Pese a permanecer prácticamente aislado de la comunidad investigadora, tuvo rachas de frenética actividad matemática en las que escribió cientos de páginas que han circulado de manera privada pero sólo se han publicado parcialmente.

Entre 1983 y 1986, Grothendieck se dedicó a trabajar en el larguísimo texto de *Récoltes et semailles* (Cosechas y siembras), más de 1.500 páginas de reflexiones sobre la vida y las matemáticas. Se trata de un libro muy variopinto, con pasajes que recuerdan a *De Profundis* de Oscar Wilde y con otros plagados de paranoicos dicterios contra antiguos alumnos y amigos, a los que el autor acusa de haber traicionado su obra científica y su mensaje. Aunque los ataques sin duda tendrán su parte de razón, por lo general son tan personales e íntimos que resultan incómodos de leer. *Récoltes et semailles* circuló de forma privada entre particulares pero Grothendieck no consiguió publicarlo[10]. Así y todo, el texto, algunas de cuyas partes poseen una extraña belleza y notable profundidad, quedará como un documento fundamental para el entendimiento de un periodo importante en la historia de las matemáticas.

En 1988, Grothendieck cumplió sesenta años y se jubiló anticipadamente de su puesto de profesor en Montpellier. Ese mismo año «ganó» *ex aequo* un importante premio matemático[11] que no quiso aceptar. También lo obsequiaron con un Festschrift[12] de tres tomos, a propósito del cual declaró estar muy agradecido a todos aquellos que no habían participado en su elaboración.

En 1990 envió una carta anunciando que ese mismo año escribiría y publicaría un libro profético y añadía que los 250 destinatarios de la carta debían prepararse para una gran misión encomendada por Dios. El libro, sin embargo, nunca apareció y en la actualidad Grothendieck guarda silencio.

Desde su jubilación, el matemático se ha ido recluyendo cada vez más. Atraído por ideas budistas, sigue una rigurosa dieta vegetariana. Su paradero actual no es del dominio público. Cuando le pregunté a uno de los últimos amigos con los que tuvo contacto (en 2000) qué tal estaba, la respuesta fue simple: «Medita».

Cuesta creer que un matemático del calibre de Grothendieck no consiguiese, tras abandonar el IHES, una posición académica adecuada en Francia. Estoy convencido de que si Grothendieck hubiese sido un antiguo estudiante de la Ecole Normale y, por tanto, parte del sistema, se le habría encontrado una posición acorde con sus logros matemáticos. Permítaseme un breve inciso a cuento de este tema. Cuando Pierre-Gilles de Gennes[13] ganó el Nobel de física en 1991, se celebró en la Sorbona una ceremonia oficial en su honor, con discursos pronunciados tanto por el propio De Gennes como por el ministro Lionel Jospin. El físico aprovechó la ocasión para denunciar el corporativismo que asolaba la ciencia francesa. La crítica vale tanto para el mundillo de la física como, más si cabe, para el de las matemáticas y pone de manifiesto la suprema importancia que se le otorga a cosas como proceder de la Ecole Normale o de la Ecole Polytechnique, en qué laboratorio lo han aceptado a uno, si se forma parte del CNRS (Centro Nacional de Investigación Científica), de la academia, del partido político apropiado, etcétera. Si uno pertenece a dichos grupos, recibirá su ayuda y a cambio se verá obligado a ayudarlos. El problema de Grothendieck es que él no era nada (a la sazón ni siquiera tenía la nacionalidad francesa ni ninguna otra), luego no era responsabilidad de nadie; era, simplemente, un motivo de vergüenza.

Algunas personas prefieren echar toda la culpa de la exclusión de Grothendieck al propio matemático: se volvió loco y dejó las matemáticas. Es una postura comprensible pero no cuadra con los hechos conocidos ni con la secuencia de los mismos. El ostracismo de Grothendieck es una ignominia que deja una mancha indeleble en la historia de las matemáticas del siglo XX.

8

Estructuras

A juzgar por lo que llevamos visto, las matemáticas parecen tener una doble naturaleza. De un lado, pueden desarrollarse mediante un lenguaje formal, unas reglas de deducción rigurosas y un sistema de axiomas. A partir de ahí se obtienen y verifican mecánicamente todos los teoremas. Por otro lado, la práctica de las matemáticas se basa en ideas, como la idea de las diversas geometrías de Klein. Este segundo aspecto podemos denominarlo conceptual (o estructural).

En el capítulo 4 ya nos encontramos con un ejemplo de consideraciones estructurales al comentar el teorema de la mariposa. Allí vimos lo importante que es saber en qué tipo de geometría se encuadra un teorema a la hora de demostrarlo. Sin embargo, el concepto de geometría proyectiva no está explícito en los axiomas usados actualmente como fundamento de las matemáticas. ¿En qué sentido se halla presente la geometría proyectiva en los axiomas de la teoría de conjuntos? ¿Cuáles son las estructuras que dan sentido a las matemáticas? ¿En qué sentido está presente la estatua en el bloque de piedra antes de que el cincel del escultor la revele?

Antes de hablar de las estructuras conviene que ahondemos un poco más en los conjuntos, pues desempeñan un papel fundamental en las matemáticas modernas. Empecemos repasando algunos aspectos básicos de intuición, notación y terminología. El conjunto $S = \{a, b, c\}$ es una colección de objetos a, b, c, denominados elementos de S. El orden en que se enumeren los elementos no tiene importancia. La expresión significa que a es un «elemento» de S. Los conjuntos $\{a\}$ y $\{b, c\}$ son «subconjuntos» de $\{a, b, c\}$. El conjunto $\{a, b, c\}$ es finito (contiene tres elementos) pero los conjuntos también pueden ser infinitos. Por ejemplo, el conjunto $\{0, 1, 2, 3...\}$ de los números enteros naturales o el conjunto de los puntos en una circunferencia son conjuntos infinitos. Sean los conjuntos S y T tales que para cada elemento x de S sólo hay un único elemento $f(x)$ de T. En ese caso decimos que f es una «aplicación» de S a T. También se dice que f es una «función» definida de S y con valores en T. Por ejemplo, podemos definir una aplicación f desde el conjunto $\{0, 1, 2, 3...\}$ de los números enteros naturales sobre sí mismo tal que $f(x) = 2x$. Otras aplicaciones (o funciones) de los enteros naturales con valores en los enteros naturales vienen dadas por:

$$f(x) = xx = x^2 \text{ o } f(x) = x \dots x = x^n.$$

El concepto general de una función (o aplicación) surgió lentamente en la historia de las ciencias exactas pero hoy en día resulta esencial para nuestra comprensión de las estructuras matemáticas[1].

Los matemáticos han intentado una y otra vez definir con precisión y universalidad las estructuras que emplean; el programa de Erlangen de Klein fue un paso en esa dirección. Las estructuras analizadas por Klein eran geometrías, asociadas cada una de ellas a una familia de aplicaciones: congruencias (para la geometría euclidiana), transformaciones afines (para la geometría afín), transformaciones proyectivas, etcétera. Bourbaki, con su fuerte componente ideológico, formuló una definición de las estructuras basada en los conjuntos.

Permítaseme esbozar de manera informal la idea de Bourbaki. Supongamos que queremos comparar objetos de tamaños diferentes. La expresión $a \leq b$ significa que el objeto a es menor o igual que b. (Han de satisfacerse ciertas condiciones; por ejemplo, si $a \leq b$ y $b \leq c$, entonces $a \leq c$.) Queremos, así, definir una estructura de «orden» ($\leq$ se denomina orden), para lo cual necesitamos un conjunto S de objetos a, b, ... que habremos de comparar. A continuación podemos introducir otro conjunto T formado por pares de elementos a, b de S: aquellos pares tales que $a \leq b$. (Puede que tengamos que considerar otros conjuntos a fin de imponer la condición de que si $a \leq b$ y $b \leq c$, entonces $a \leq c$,...) En resumidas cuentas, consideramos varios conjuntos S, T,... que guardan una cierta relación (T está formado por pares de elementos de S), lo cual define una estructura de orden sobre el conjunto S. Es posible definir más estructuras sobre un conjunto S proporcionando varios conjuntos que guarden una relación particular con S. Supongamos, por ejemplo, que el conjunto S tiene una estructura que permite que se sumen sus elementos; esto es, que para cada dos elementos a, b, haya un tercer elemento c tal que $a + b = c$. Para definir la estructura en cuestión habrá que tomar en consideración un nuevo conjunto T de tríos de elementos de S, es decir, aquellos tríos $\{a, b, c\}$ tales que $a + b = c$. Los manuales de matemáticas contienen las definiciones de muchas estructuras, con nombres tales como «estructura de grupo», «topología de Haussdorf», etc. Estas estructuras son los ladrillos conceptuales del álgebra, la topología y las matemáticas modernas en general.

Sean los conjuntos S y S', cada uno de ellos con una relación de orden. Supongamos que tenemos la capacidad de asociar cada elemento a, b, ... de S a un elemento a', b', ... de S'. En lenguaje matemático tenemos una función de S a S' que lleva a, b, ... a a', b',... Supongamos que si $a \leq b$, entonces $a' \leq b'$, es decir, que la aplicación conserva el orden. Usemos una flecha para expresar esa aplicación que conserva el orden de S a S':

$$S \to S'.$$

Dicho de un modo más genérico, la expresión $S \to S'$ se emplea para indicar el paso de un conjunto con una cierta estructura a otro conjunto con una estructura similar. En jerga técnica se dice que la flecha representa un «morfismo». (Así, si S y S' poseen una estructura tal que sus elementos pueden sumarse y el morfismo $S \to S'$ envía elementos a, b, c... de S a elementos a', b', c', ... de S', entonces $a + b = c$ debería implicar $a' + b' = c'$.) Si consideramos conjuntos sin estructura añadida, los morfismos indicarán simplemente todas las aplicaciones de S a S'.

Demos un paso adelante y consideremos conjuntos con un cierto tipo de estructura y sus correspondientes morfismos: lo que se denomina una «categoría». (Con lo cual existe una categoría de conjuntos, donde los morfismos son aplicaciones; una categoría de conjuntos ordenados, donde los morfismos son aplicaciones que con-

servan el orden; una categoría de grupos, etcétera.) Desde este prisma, resulta útil ser capaz de proyectar los objetos de una categoría
a los de otra manteniendo los morfismos. Cuando eso ocurre, decimos que tenemos un «funtor» de una categoría a otra. Las categorías y los funtores datan más o menos de 1950 (los introdujeron Samuel
Eilenberg y Saunders Mac Lane[2]) y no tardaron en convertirse en
importantes herramientas conceptuales de la topología y el álgebra.
Pueden considerarse las ideas vertebrales de una parte importante
de las matemáticas del siglo XX, usadas, entre otros, por matemáticos como Grothendieck.

En resumen, podría decirse que el marco ideológico de algunas
de las parcelas más importantes de las matemáticas de finales del
siglo XX es una preocupación constante por las estructuras y sus relaciones. Se formulan automáticamente ciertas preguntas y se intentan automáticamente ciertas construcciones. Hasta cierto punto, pues,
se ha dado una respuesta a la pregunta de cuáles son los ladrillos
conceptuales de las matemáticas, una respuesta en términos de estructuras, morfismos y, tal vez, categorías, funtores y conceptos relacionados. Y la calidad de esta respuesta puede calibrarse por la profu-
sión de los resultados obtenidos.

Antes de seguir adelante debo corregir una impresión falsa que
tal vez haya dado más arriba, a saber: que el pensamiento matemático actual está dominado por categorías, funtores y cosas por el estilo. A decir verdad, hay extensas e importantes ramas de las matemáticas que apenas usan dichos conceptos. Como mucho podría
decirse que existe un afán general por clarificar aspectos conceptuales para no limitarse a efectuar cálculos ciegamente, pero las consideraciones estructurales pueden ser mínimas. Por poner un ejemplo de un estilo de matemáticas diferente, traigo a colación la obra
de Paul Erdös[3] (el apellido es húngaro, de modo que la s final se pronuncia «sh»). Erdös fue un matemático de lo más insólito que se dedicó a viajar de un lugar a otro sin vincularse de manera permanente
a ninguna institución, lo cual no le impidió dejar a las ciencias exactas un importante y variopinto legado. Entre sus muchas ocurren-
cias, tuvo una muy hermosa: El Libro «en el que Dios guarda las
demostraciones perfectas de los teoremas matemáticos». (Erdös, por
cierto, era ateo y se refería a Dios como el Sumo Fascista.) En fechas
recientes y bajo su directa supervisión se ha escrito una fascinante

aproximación a El Libro, titulada *El libro de las demostraciones*[4]. La obra, bastante fácil y amena, ofrece una visión de las matemáticas completamente distinta de la de Bourbaki. No es que falten las consideraciones estructurales, pero permanecen en un segundo plano. Paul Erdös era uno de esos matemáticos que cabe catalogar como «solucionador de problemas», una categoría muy diferente de la de constructor de teorías, a la que pertenecerían André Weil o Alexander Grothendieck. El buen solucionador de problemas debe ser también un matemático conceptual, con una buena capacidad intuitiva para captar estructuras. Pero para él dichas estructuras son meras herramientas, no el principal objeto de estudio.

La conceptualización actual de las matemáticas es una continuación de los esfuerzos de periodos anteriores y, sin duda, se prolongará en el futuro. Puede decirse que la búsqueda filosófica de las estructuras fundamentales de las matemáticas ha sido provechosa en el sentido de que ha proporcionado conceptos de una eficacia asombrosa a la hora de producir nuevos resultados y resolver viejos problemas. El hecho de que contemos con una conceptualización eficiente de las matemáticas demuestra que es el reflejo de cierta realidad matemática, por más que esa realidad se mantenga invisible en los listados formales de la teoría de conjuntos.

El enfoque que acabo de describir se acerca a lo que se conoce como «platonismo matemático». Platón, en la *República*[5], habla de un mundo de ideas puras al que tiene acceso el filósofo mientras sus contemporáneos menos afortunados, encadenados en una oscura caverna, apenas ven fugaces sombras. Las estructuras de las matemáticas (considerando estructura en sentido amplio) son como las ideas puras de Platón, y el matemático-filósofo tiene acceso a ellas mientras sus contemporáneos menos afortunados permanecen encadenados en la oscuridad no matemática. Si pensamos en las estructuras de las matemáticas como si fuesen estatuas, el matemático no las extrae a golpe de cincel de un bloque de piedra obedeciendo a una azarosa fantasía. Ni mucho menos. Las estatuas pertenecen al mundo de los dioses y la noble tarea del matemático es desvelarlas y revelarlas en toda su eterna belleza.

El lector probablemente habrá entendido por qué la concepción platónica resulta atractiva a muchos matemáticos, siquiera sean tan diferentes entre sí como Bourbaki o Erdös. Personalmente, sin embargo, opino que es un tanto engañosa desde el momento en que soslaya un hecho esencial, a saber: que lo que llamamos matemáticas son matemáticas estudiadas por la mente o el cerebro humanos. La consideración de la mente puede ser irrelevante cuando analizamos los aspectos formales de las matemáticas, pero no cuando hablamos de sus aspectos conceptuales. Los conceptos matemáticos son, en efecto, un producto del cerebro humano y pueden reflejar sus peculiaridades[6].

A partir del próximo capítulo me voy a ocupar de la relación entre la mente humana (o cerebro) y esa cosa extraordinariamente no humana que llamamos realidad; más concretamente, de la realidad matemática. Tras aprender algo sobre el funcionamiento de nuestro cerebro estaremos en mejores condiciones de abordar la gran pregunta: ¿en qué medida son naturales los conceptos y estructuras de las matemáticas?

El ordenador
y el cerebro

Una de las mentes científicas más poderosas y versátiles del siglo XX fue la de John Von Neumann[1], el estadounidense de origen húngaro que realizó fundamentales aportaciones a las matemáticas, la física, la economía y el desarrollo del ordenador digital. Su último libro fue *El ordenador y el cerebro*[2], escrito mientras el cáncer le devoraba el cuerpo. Publicado póstumamente en 1958, el texto contiene una fascinante comparación entre la estructura y funcionamiento de las computadoras digitales y los del cerebro humano.

Ahora bien, ¿es admisible semejante comparación? ¿No es un sacrilegio comparar la mente humana, la más noble de las entidades, con un ordenador, una simple máquina? Los científicos, como es bien sabido, se preocupan muy poco por los sacrilegios. En este punto podríamos señalar que tanto el ordenador como el cerebro son herramientas para el tratamiento de información, lo cual comporta ciertas similitudes, como, por ejemplo, la necesidad de una memoria donde almacenar dicha información. Es perfectamente legítimo, pues, establecer una comparación entre los dos dispositivos. Y como cabía esperar, la comparación muestra que el ordenador y el cerebro son sumamente diferentes en muchos sentidos. Según parece, el funcionamiento del cerebro humano presenta una serie de peculiaridades que el ordenador no comparte y que, en consecuencia, no son necesarias desde un punto de vista lógico, lo cual es significativo. Es de suponer, como sostendré más adelante, que tales peculiaridades, e inclusive deficiencias, influyen en la forma que tenemos los humanos de desarrollar la actividad matemática.

Antes de nada, sin embargo, permítaseme establecer una comparación punto por punto entre el ordenador y el cerebro al estilo Von Neumann (aunque con algunas actualizaciones y un propósito diferente). Comenzaré con un punto «cero», como suelen hacer los matemáticos, para distinguir el primer apartado del resto.

0. Los principios de la construcción del ordenador y del cerebro son diferentes

El ordenador es un invento humano que procesa y almacena información en forma digital (bits). La manera como dicha información debe procesarse y almacenarse viene definida por programas. En una misma máquina (hardware) pueden utilizarse programas muy diferentes (software), lo cual hace del ordenador algo sumamente flexible y versátil.

El cerebro es resultado de la evolución biológica. Los genes presentes en el gameto de un animal contienen (entre otras cosas) una especie de plano de su sistema nervioso que, a base de ensayo y error (es decir, de mutaciones y selección), ha ido mejorando a lo largo de eones. En este contexto, «mejorar» significa que, de manera paulatina, se produce un sistema nervioso que brinda al organismo que lo posee mayores posibilidades de supervivencia y reproducción en las circunstancias imperantes. El sistema nervioso hace que el organismo se aleje de seres y objetos peligrosos, recolecte cosas comestibles y decida las acciones a realizar basándose en información sensorial. A lo largo del último millón o par de millones de años, el sistema central de nuestros antepasados homínidos registró un desarrollo explosivo. En última instancia nuestra especie adquirió la facultad del lenguaje complejo, el pensamiento simbólico y una tradición escrita, a resultas de lo cual el cerebro humano se ha convertido en un dispositivo versátil y flexible capaz de resolver problemas relativamente difíciles (como la pregunta «¿cuáles son los factores primos de 169?») que un programa informático también podría resolver pero un simio no. (Huelga decir que también hay ciertos problemas, como trepar a un árbol, que un simio es capaz de resolver mejor que un ordenador o que un ser humano.)

Hablando de evolución, debo recalcar que hoy en día contamos con técnicas matemáticas mucho mejores que las que Euclides o Arquímedes[3] tenían en su época, pero eso no significa que seamos más inteligentes que ellos. Es simplemente reflejo del hecho de que nuestra evolución cultural es mucho más rápida que la biológica. Por lo que respecta a los ordenadores, su evolución es rapidísima tanto en términos de hardware (velocidad y volumen de memoria) como de software (complejidad y potencia de los programas que manejan). El resultado es que van dominando tareas cada vez más difíciles como jugar al ajedrez o traducir de un lenguaje natural a otro. Permíta-, seme introducir aquí un comentario personal. He de reconocer que me asusta un poco la rápida y aparentemente ilimitada evolución de los ordenadores. No veo ninguna razón por la que no puedan terminar sobrepujando nuestra evolución cultural y, en particular, convirtiéndose en mejores matemáticos que nosotros. Pienso que cuando esto ocurra la vida se nos habrá vuelto algo menos interesante y merecerá menos la pena vivirla. Del mismo modo que nuestro mundo fue testigo del fin de la era de las grandes catedrales góticas, la era de las grandes matemáticas humanas también puede concluir. Por el momento, sin embargo, las matemáticas continúan, y la vida también, así que podemos retomar nuestra comparación del ordenador y el cerebro.

1. El cerebro es lento y su arquitectura es sumamente paralela

Los ordenadores operan mediante unidades de tiempo discretas, o «ciclos», medidas por un reloj. En cada ciclo se efectúa una nueva operación. Ahora mismo puede que el reloj del ordenador personal del lector opere a una frecuencia de un gigaherzio; es decir, que un ciclo equivale a un nanosegundo (la mil millonésima parte de un segundo). En cambio, el tiempo normal para un cambio en el sistema nervioso sería, como mínimo, de un milisegundo (la milésima parte de un segundo), aunque pueden darse fácilmente lapsos de cien milisegundos ya que la velocidad de propagación del influjo nervioso es de uno a cien metros por segundo. Así pues, lo que para el cerebro humano es instantáneo es muchos millones de veces más lento que lo que se considera rápido para un ordenador.

La elevada velocidad de los ordenadores es adecuada para tareas repetitivas en las que cada etapa suministra un nuevo dato actualizado a la etapa siguiente. El cerebro, en cambio, suele procesar información de una sola vez gracias a su estructura, sumamente paralela. Por ejemplo, el nervio óptico transmite información desde diferentes áreas de la retina, en paralelo, a diferentes áreas del cerebro. Más concretamente, una imagen distorsionada de la retina (y, por tanto, del mundo que tenemos ante nuestros ojos) se proyecta en el córtex visual situado en la parte trasera del cerebro y diferentes aspectos de la imagen (color, orientación, etcétera) se procesan simultáneamente. El paralelismo también se ha introducido en la estructura de ciertos ordenadores, las denominadas máquinas de propósito específico, pero no es comparable con el sistema presente en las más de 10^{10} neuronas de nuestro cerebro.

Existe, pues, un llamativo contraste entre el cerebro, lento y enormemente paralelo, y un ordenador rápido y sumamente repetitivo. Pero hay más diferencias en cuanto a los respectivos funcionamientos de uno y otro.

2. Tenemos mala memoria

Aunque hay personas capaces de memorizar enormes textos literarios o religiosos, como la *Ilíada* y la *Odisea*, o la Biblia, los ordenadores son mucho mejores en este sentido: el texto íntegro de la *Enciclopedia Británica* cabe fácilmente en un CD-ROM o en un moderno disco duro. Naturalmente, debemos cuidarnos de sacar la precipitada conclusión de que los ordenadores son superiores a nosotros. La función principal de nuestra memoria no es aprenderse largos textos, y es difícil cuantificar qué es lo que mejor hace. Sea como fuere, lo que sostengo es que la memoria humana no es muy buena para las matemáticas. Los humanos, al igual que los ordenadores, tenemos varios tipos de memoria, pero para lo que ahora nos ocupa bastará con distinguir entre memoria a largo plazo y memoria a corto plazo. Introducir cosas en nuestra memoria a largo plazo (una operación que, por lo visto, exige sintetizar proteínas) lleva su tiempo: no es posible recordar una larga ristra de palabras o números aleatorios si sólo se lee una vez. La memoria a corto plazo es la que nos permite recordar una lista de elementos que acaban de presentarnos, y está limitada a unas siete unidades. Por eso puede resultar difícil leer un número de teléfono y marcar todos los dígitos sin tener que mirar de nuevo el listín. Marcar números de teléfono con eficacia no fue una aptitud valiosa a efectos de supervivencia hasta hace poco, de lo contrario la selección natural tal vez nos habría capacitado mejor para dicha tarea.

Así las cosas, los matemáticos, a través de largos días de estudio, colocan gran cantidad de datos en su memoria a largo plazo y son capaces de recordar la definición de la razón doble, el hecho de que las transformaciones proyectivas la conservan, y muchas cosas más. En cuanto a la memoria a corto plazo, se ve auxiliada por el uso de objetos tales como la pizarra, una hoja de papel o la pantalla de ordenador, que vienen a ser como una memoria externa que podemos consultar fácilmente con sólo posar la mirada en ellos. La memoria a largo plazo también puede complementarse con libros y otros medios visuales, lo cual nos lleva al apartado siguiente.

3. El cerebro humano posee habilidades visuales y lingüísticas muy desarrolladas

Nuestro sistema visual ha evolucionado a lo largo de muchos millones de años hasta convertirse en un instrumento de una eficacia asombrosa. En una fracción de segundo somos capaces de divisar y reconocer un animal u objeto escondidos en un entorno complejo. Esta habilidad tuvo su importancia para la supervivencia de nuestros antepasados, es evidente, pero ahora podemos usarla para contemplar figuras geométricas, diagramas, fórmulas y textos matemáticos. Si tuviésemos que fabricar un ordenador dotado de habilidad matemática, seguramente no empezaríamos diseñando un sistema visual muy complejo, pero los humanos tenemos este maravilloso instrumento a nuestra disposición y lo usamos con naturalidad en las labores matemáticas. Dicho de otro modo, nuestra forma de hacer matemáticas se ve fuertemente influida por el uso de nuestro complejo y eficaz sistema visual.

Desde el punto de vista evolutivo, la capacidad humana de comunicar información abstracta de gran complejidad por medio del lenguaje es reciente (de hace unos 50.000 años). Su valor a efectos de supervivencia es notorio y explica la enorme cantidad de seres humanos que en la actualidad pueblan el planeta. El uso de un lenguaje humano natural es un aspecto primordial de las matemáticas humanas[4]. Este lenguaje puede ser el griego antiguo, el castellano moderno o cualquier otro, ya sea hablado o escrito, pero, en líneas generales, todo lo que denominamos ciencias exactas utiliza un lenguaje natural, por más que los matemáticos insistan en que los textos de su disciplina podrían, en principio, escribirse en un lenguaje formal. En la práctica, sin embargo, los lenguajes formales ni se usan ni podrían usarse. Nuestros lenguajes naturales son realmente poderosos y versátiles. El hecho de que tengamos que depender de ellos es una peculiaridad de las matemáticas humanas y, a decir verdad, un defecto toda vez que impide la corrección mecánica de los textos matemáticos. Veámoslo en el último apartado de este capítulo.

4. El pensamiento humano carece de precisión formal

Una tarea que los ordenadores ejecutan con absoluta facilidad es cotejar dos ficheros de gran tamaño y determinar si son idénticos o no. Los archivos pueden contener el texto de una novela en gaélico o islandés, y en una fracción de segundo el ordenador nos dirá si una palabra está escrita de manera diferente en uno de los dos archivos. Para un ser humano sería una labor lenta y ardua, y dependería de detalles tan irrelevantes como si entiende gaélico o islandés. Si sustituyésemos la novela por el texto íntegro de la *Enciclopedia Británica* o por el listín telefónico completo de todos los abonados estadounidenses, la tarea rayaría en lo imposible para un ser humano, mientras que para un ordenador seguiría siendo fácil.

El ejemplo muestra que toda labor sencilla (en sentido lógico) que sea muy extensa y deba realizarse sin ningún error[5], resultará difícil para un ser humano y fácil para un ordenador. Es uno de nuestros puntos débiles a la hora de dedicarnos a las ciencias exactas. Naturalmente, cuando se trata de reconocer una pala o un gato a simple vista somos mucho más eficientes que los ordenadores actuales, y nuestra superioridad también es aplastante en el campo de la creatividad matemática, pero el lector convendrá conmigo en que nuestra forma de abordar los problemas matemáticos es un tanto peculiar y en que si un colega extraterrestre viniese a visitarnos desde el espacio exterior, seguramente se quedaría perplejo ante nuestra forma de proceder[6].

Textos
matemáticos

De la misma forma que hablamos de realidad física, también podemos hablar de realidad matemática. Pese a ser distintas la una de la otra, las dos son bastante reales. Mientras que la realidad matemática es de naturaleza lógica, la realidad física está vinculada al universo en que vivimos y que percibimos mediante nuestros sentidos. Esto no significa que sea fácil definir la realidad matemática ni la física, pero podemos «tratar» con ellas mediante demostraciones matemáticas o experimentos físicos. También podemos formular hipótesis y ver si la realidad las confirma o las invalida. Las relaciones de la mente humana con la realidad matemática y física son complejas. La comparación que hemos establecido en el capítulo 9 entre el ordenador y el cerebro nos ha revelado algunas de las sutilezas que subyacen a la aplicación del pensamiento humano a las matemáticas. Ahora vamos a cambiar de punto de vista y examinar el producto final de la actividad matemática: el texto matemático.

Antes de empezar a comentar textos matemáticos escritos debo mencionar una importante variación, a saber: la presentación oral, que puede ser una conferencia, un seminario, un coloquio, etcétera. En una presentación oral, el matemático se pone en pie y escribe en una pizarra mientras diserta más o menos durante una hora. Hoy en día la pizarra suele sustituirse por un proyector que muestra en una pantalla algunas transparencias preparadas de antemano. Nótese que, en lo tocante a la presentación oral, hay importantes diferencias entre las matemáticas y otras disciplinas. Un filósofo puede sentarse a una mesa y leer un texto cuidadosamente preparado. Un físico podría usar un ordenador para proyectar en la pantalla unas cuantas ilustraciones en colores, posiblemente animadas, con algo de texto. A los matemáticos, sin embargo, les gusta el recurso tradicional de la tiza y la pizarra (o innovaciones inocentes como la pizarra blanca para rotuladores). Este atrezzo tan parco tiene la ventaja de que limita la cantidad de información que el público recibe por minuto. Es un hecho probado que en una conferencia sólo se puede transmitir una cantidad determinada de información. Bombardear una pantalla con fórmulas complicadas a toda velocidad, o pasarse dos horas hablando en lugar de una, resulta bastante improductivo y deja aturdido a todo el mundo. (He aquí otra diferencia entre el ordenador y el cerebro: un ordenador enchufado y programado correctamente puede «pensar» durante días y días sin necesidad de echarse una siesta ni de tomarse un café.)

Los textos matemáticos escritos pueden ser libros o artículos de diversa extensión. Los artículos se publican en revistas especializadas y/o, de un tiempo a esta parte, en Internet. Un artículo matemático es el producto básico de la actividad matemática humana. En todo momento puede consultarse y verificarse su validez. Una idea matemática nueva sólo adquiere legitimidad cuando se plasma por escrito y se publica.

A los efectos de este análisis, podemos considerar que todo texto matemático se compone de tres clases de elementos: figuras, frases y fórmulas.

Figuras

Las figuras, y las construcciones efectuadas sobre ellas (como «dibújese la perpendicular a AB que pase por el punto C...»), desempeñan un papel importante en la geometría euclidiana[1]. Además de sacar partido al sistema visual humano constituyen una valiosa memoria externa tan pronto como la situación se torna complicada en términos geométricos[2]. El razonamiento basado en figuras es sumamente eficaz, lo cual explica por qué la geometría fue la primera rama de las matemáticas en arrojar resultados realmente profundos y difíciles.

Con todo, es frecuente que los modernos artículos matemáticos no incluyan una sola figura, ni siquiera cuando el tema es un problema de geometría. El principal motivo de esta desafección es que, a la hora de demostrar un resultado general, el exceso de confianza en una figura específica puede provocar errores. En consecuencia, se desaconseja el razonamiento basado en figuras por juzgarse no riguroso. No obstante, siguen siendo un recurso útil para fijar la atención y como memoria externa, y se usan muchísimo en las presentaciones orales.

Supongamos que el ponente de un seminario pronuncia la frase: «Sea un arco geodésico que une los puntos *A* y *B* de la variedad de Riemann *M*». Al mismo tiempo dibujaría en la pizarra la siguiente figura:

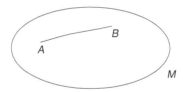

En un artículo matemático se habría escrito la frase sin la ilustración, pero muchos lectores tendrían esa figura en la cabeza.

Ahora bien, la ausencia de figuras no significa que se rehuya la intuición geométrica; al contrario: los matemáticos aceptan de buena gana la geometrización, esto es, la interpretación geométrica de objetos matemáticos (en álgebra o en teoría de los números) que a priori no son geométricos.

Por más que en matemáticas la intuición visual sea importante, hemos de admitir que no es indispensable. Hay quienes no la usan en absoluto; el matemático francés Lauren Schwartz (1915-2002) afirmaba ser tan incapaz en este respecto que le costaba Dios y ayuda usar una simple aplicación de carreteras. Esta curiosidad suscita la fascinante cuestión de la variedad de representaciones internas de los objetos matemáticos por parte de matemáticos diferentes. Se sabe muy poco de este tema pero no lo abordaré aquí.

Frases

Más arriba he escrito una frase matemática típica: «Sea un arco geodésico que une los puntos *A* y *B* de la variedad de Riemann *M*». Se trata de una frase en castellano, con algunos símbolos (*A*, *B*, *M*) y algo de jerga (arco geódesico, variedad de Riemann), que sería fácil traducir al francés, alemán o cualquier otro lenguaje natural. Pero como dije anteriormente, en la práctica, aunque no en principio, la actividad matemática exige un lenguaje natural. Es posible llevar a cabo una labor matemática sin figuras y sin fórmulas, pero un lenguaje natural es necesario.

El lenguaje desempeña un papel primordial (aunque no exclusivo) en el pensamiento humano. Se trata, sin embargo, de algo muy variado y su uso en matemáticas es muy diferente de su uso en poesía. ¿Por qué? En lugar de la frase matemática que acabo de citar, puedo escribir: «Sea *N* una variedad de Riemann y *AB* un arco geodésico en *N*». Aparte de dar un nuevo nombre a la variedad de Riemann, hemos dicho lo mismo con otras palabras. En poesía, en cambio, si cambiamos los nombres y usamos otras palabras ya no estamos diciendo lo mismo ni mucho menos. Pensemos en el poema *El cuervo*, de Edgar Allan Poe. Si sustituimos el nombre Leonora por otro cualquiera, como Isabel, y modificamos algunas palabras y estructuras gramaticales sin alterar el significado, enseguida habremos transformado un poema intenso e impactante en palabrería inane. Está claro que leer poesía y leer matemáticas son actividades cerebrales bastante diferentes. En poesía, las regularidades e irregularidades formales son parte esencial del mensaje[3], mientras que, en matemáticas, la importancia de la forma es más bien limitada. Cuando uno es bilingüe y discute una idea matemática con un colega del gremio, puede que más tarde recuerde cuál era el tema de conversación pero no el idioma que utilizó.

Fórmulas

Los textos matemáticos suelen llevar fórmulas intercaladas, como

$$\frac{U-A}{M-A} : \frac{U-B}{M-B} = \frac{M-A}{V-A} : \frac{M-B}{V-B}, \qquad (*)$$

que ya vimos en el capítulo 4. No existe ninguna diferencia fundamental entre una fórmula y una frase. De hecho, la fórmula que
acabo de designar con un (*) puede enunciarse así: «U menos A
partido por M menos A dividido por… es igual a…»[4]. La mayoría
de los matemáticos prefiere la fórmula a la frase. Dos son, a mi modo
de ver, los motivos fundamentales de dicha preferencia. En primer
lugar, porque pueden aplicar su aptitud visual a la fórmula, como si
se tratase de una figura geométrica, y tratarla como memoria visual,
y en segundo lugar, porque existen reglas mediante las cuales puede obtenerse mecánicamente una fórmula a partir de otra con un
esfuerzo relativamente pequeño y sin apenas riesgo de error. En el
caso de la fórmula (*), el lector recordará que usamos la información
adicional de que M es el punto medio de AB, lo cual puede expresarse así:

$$(M - A) : (M - B) = - 1. \qquad (**)$$

Si insertamos (**) en (*), obtenemos

$$(U - A)\,(V - A) = (U - B)\,(V - B).$$

(El lector con formación en ciencias exactas lo habrá apreciado
al instante.) A partir de ahí, mediante una sencilla operación llegamos a:

$$\frac{U + V}{2} = \frac{A + B}{2} = \mathrm{M},$$

y ésa fue nuestra demostración del teorema de la mariposa.

La manipulación sencilla y sistemática de fórmulas es un complemento fundamental que las matemáticas modernas han añadi-
do al instrumental del que disponían los antiguos griegos. Como
ocurre con las figuras, las fórmulas suelen estar en la mente de los
matemáticos aun cuando no las escriban explícitamente. Nótese, asimismo, que las fórmulas no siempre se refieren a números (números complejos en el caso de [*]). La fórmula declara que el conjunto A está contenido en el conjunto B, y existen fórmulas para expresar
cualquier otra relación lógica. En principio, toda fórmula escrita,

independientemente de su significado, tiene el valor de una memoria externa y de un objeto que puede manipularse provechosamente de acuerdo a reglas bien definidas.

Hemos dicho y repetido que las matemáticas, en principio, pueden presentarse sin emplear un lenguaje natural. Tal presentación consistiría exclusivamente en fórmulas y su validez podría verificarse de manera mecánica. De hecho, algunos matemáticos (sobre todo los principiantes) gustan de escribir fórmulas en lugar de frases porque piensan que es más «riguroso». Esta práctica, sin embargo, no tarda en generar un galimatías incomprensible. La transmisión eficaz de datos matemáticos a los seres humanos depende del acierto a la hora de decidir qué expresar con fórmulas y qué con palabras (que se refieren a fórmulas no escritas). La toma de esas decisiones es una habilidad distinta de la pura pericia técnica; es, de hecho, todo un arte, y a algunos matemáticos se les da mucho mejor que a otros.

Honores

En los capítulos previos venimos preguntándonos por la naturaleza de las matemáticas. Hagamos ahora una pausa y preguntémonos qué lleva a un ser humano a dedicarse a la investigación matemática o científica en general. (Las matemáticas tienen más de puro juego intelectual y de empresa solitaria que la investigación en otros campos, pero se trata de una diferencia de grado, no de naturaleza.) La gente, por supuesto, se dedica a la investigación por el desafío, el interés del tema, el dinero, la fama... Puede que ahondar en estas motivaciones no nos enseñe mucho sobre la estructura de las matemáticas pero tal vez nos revele algo sobre la naturaleza humana y la sociedad. En este capítulo seremos modestos y sólo indagaremos en la parte más visible de la relación emocional entre científico y ciencia.

Mi colega, el físico teórico Louis Michel siempre decía que la gente escogía una carrera académica por falta de imaginación. ¿A qué se refería? Supongamos que el lector es buen estudiante. Lo normal, entonces, es que vaya a la universidad. Después, si no tiene muchas ganas de lanzarse a la «vida real» (sea lo que sea eso), hará el doctorado. Y cuando termine el doctorado lo más probable es que la vida académica ya se haya convertido en su vida real, con lo cual le resultará difícil imaginar otro camino. Debido a esa falta de imaginación procurará seguir en la universidad y, entre otras cosas, «hacer investigación». Ahora bien, toda buena investigación exige encontrar nuevas soluciones a nuevos problemas, lo cual es una definición de imaginación o inteligencia. Y también exige una enorme cantidad de trabajo rutinario, a menudo delicado y complejo, que ha de hacerse con cuidado, precisión y sin demasiada imaginación. Así pues, la falta de imaginación es necesaria para la investigación, aun cuando la buena investigación requiera un poco de imaginación.

El fundamento original de la ciencia y de la investigación científica es el deseo, la compulsión por entender la naturaleza de las cosas. Más adelante profundizaremos en este comportamiento compulsivo para tratar de entenderlo, pero la ciencia tiene otras motivaciones (como la falta de imaginación que acabamos de mencionar). Y un importante aspecto motivacional de la ciencia humana es su sistema de recompensas, del que vamos a ocuparnos seguidamente.

Los seres humanos, al igual que otros animales, poseen un sistema innato de instintos o impulsos (posteriormente modificados por la experiencia) que gobierna sus actividades conscientes e inconscientes en lo relativo a la respiración, la alimentación, el sexo, etc. Estos impulsos se han analizado parcialmente a nivel fisiológico y se ha visto que suelen ir asociados a los estímulos que consideramos agradables o desagradables. Por ejemplo, parece ser que cuando media algún tipo de lesión las células liberan una sustancia llamada histamina que desempeña un papel en la activación de impulsos sensoriales que suscitan dolor o picor. Hay que cuidarse, no obstante, de dar una explicación demasiado simplista y mecánica a los impulsos considerándolos respuestas a estímulos agradables o desagradables que recordamos. Cuando el antílope huye del león no es porque recuerde la desagradable experiencia que le supuso ser devorado por el felino. El hábito de mantenerse alejado de bestias peligrosas forma parte del «cableado» innato del cerebro de humanos y animales (al menos parcialmente). Cabe presumir que por eso muchos de nosotros no nos acercamos a serpientes, arañas ni perros furiosos. Además, los hombres somos animales sociales y, mal que bien, nos atenemos a las normas del grupo en que vivimos.

Entre los incentivos para comportarnos de un determinado modo figura lo que nos inculcaron nuestros padres. En lugar de nuestros padres, también puede ser una imagen materna o paterna, o inclusive Dios, quienes guíen nuestra conducta. Dios es la imagen paterna por excelencia. Normalmente, la imagen paterna es benévola… siempre que acatemos sus deseos, pues de lo contrario su cólera es terrible. La imagen materna o paterna tratará de hacer respetar su

papel dominante y los demás tenemos que aceptar su voluntad. Recha-
zarla es pecado, un crimen, y un acto muy peligroso. Recordemos a
Giordano Bruno[1], que murió en la hoguera en Roma por oponerse
filosóficamente a las doctrinas de su santa madre, la Iglesia católica. Y recordemos los millones y millones de víctimas de regimenes
totalitarios paternalistas tanto de derechas como de izquierdas, religiosos o antirreligiosos.

La libertad de debate que se da en la ciencia no es un derecho
habitual de los hombres. La libertad de pensamiento en temas filosóficos y la crítica de la religión o de la estructura social siempre ha
sido la excepción, no la regla. La regla es respetar la ideología y
estructura de poder imperante. El poder y la ideología cambian según
el lugar y el momento; podemos contribuir a ese cambio pero siempre están presentes. Esta presencia puede ser causa de amargura,
pero la mayoría la damos por sentada. Si vivimos en un país demo-
crático, con un nivel de libertad razonable, podemos aceptar de buen
grado la ideología y estructura de poder de nuestra comunidad, pero
basta viajar de un lugar a otro para ver que las reglas varían: mientras el presidente de los Estados Unidos se siente obligado a aludir
frecuentemente a Dios, al presidente francés no le está permitido
hacer lo propio.

Aun a riesgo de abundar en lo obvio, permítaseme repetir el argumento. La estructura de poder y la presión normativa pueden tomar
las formas más odiosas, pero odiosas o no, forman parte del tejido
social humano; pueden imponerse mediante métodos brutales, pero
también se fundamentan en aspectos básicos de la psicología humana y en nuestra aceptación de las figuras maternas y paternas. Y lo
mismo, como cabía esperar, ocurre en la ciencia, donde, si bien es
cierto que la libertad de debate es mayor que en otros ámbitos,
también existe una estructura de poder y una presión normativa.
La estructura de poder se expresa a través de las contrataciones y los
salarios, y la presión normativa se ejerce a través de la aceptación
de artículos para su publicación en revistas científicas. En líneas generales, el sistema funciona de un modo bastante eficaz y satisfactorio. Se puede mejorar, desde luego, pero no abogo por su destruc-
ción. También debo mencionar aquí la admiración que despiertan
algunos científicos por los resultados que obtienen y los honores que,
en ciertos casos, les concede alguna figura paternal. Los honores

científicos suelen ser un asunto de profunda emoción y marcada irracionalidad. Hay abundantes ejemplos de científicos verdaderamente insignes que se han amargado la vida por no obtener la distinción que anhelaban, aun cuando un análisis racional les haría ver que el supuesto honor era más un incordio que una bendición.

Cuando digo honor me refiero a ser nombrado miembro de una academia, ganar algún premio o medalla, ser elegido para pronunciar alguna conferencia especial o simplemente el ofrecimiento de un puesto profesional prestigioso. Los honores proporcionan recompensas a varios niveles —satisfacción del ego, dinero, poder político, asistencia profesional— así como obligaciones que pueden robar mucho tiempo. La obtención de honores presenta, pues, aspectos materiales y psicológicos, racionales e irracionales. Pero más allá del individuo concreto beneficiario del honor también hay una cuestión política. Por ejemplo, la captación de fondos se ve facilitada cuando una universidad cuenta en su claustro con varios premios Nobel: estos catedráticos ilustres desempeñan el mismo papel que los buenos equipos de fútbol americano en las universidades estadounidenses.

En matemáticas no hay premio Nobel y recuerdo una época, en los años sesenta y setenta, cuando los matemáticos estaban encantados de que fuese así. La excelencia matemática no se medía en millones de dólares y a los matemáticos no se los valoraba junto a los jugadores de fútbol americano. En matemáticas se concede, bien es verdad, la medalla Fields, pero sólo optan a ella los matemáticos menores de 40 años y su valor pecuniario es insignificante (no como el Nobel de física, que oscila en torno al millón de dólares). Si mal no recuerdo, la concesión de la medalla Fields a René Thom y a Alexander Grothendieck no fue nada del otro mundo. (En cierta ocasión Thom estaba ligeramente enfadado porque su esposa, Suzanne, no sabía dónde había puesto la medalla y no la encontraban por ninguna parte.)

Sin embargo, las cosas han cambiado. Hoy en día lo normal es referirse a la medalla Fields como el Nobel de las ciencias exactas. Y hay varios galardones más que, con un valor cercano al millón de dólares, también afirman ser el Nobel de matemáticas. Asimismo, se han prometido premios de un millón de dólares a quienes resuelvan célebres problemas matemáticos. Muchos de mis colegas están encantados de mencionar un «problema de un millón de dólares» cuando surge la ocasión. Otros consideran de mal gusto colgarle la etiqueta de 1.000.000 $ a la hipótesis de Riemann. Desde luego, si la unidad de excelencia matemática es el millón de dólares, está muy por debajo de la unidad de excelencia del golf, el tenis o las carreras de automóviles[2]. Pero no perdamos más tiempo de la cuenta en este tema.

Mi opinión es que en la actualidad los honores y distinciones desempeñan un papel excesivo en las matemáticas. (Puede que esta situación vuelva a cambiar en el futuro.) El porqué de este papel desmesurado probablemente sea la dificultad de evaluar la producción matemática contemporánea, que suele ser muy técnica y difícil de entender. En lugar de explicar el teorema demostrado por X, es más fácil decir que X ha recibido el premio Alpha. Estaremos de acuerdo, sin embargo, en que, por muy justa que haya sido la concesión del premio, intelectualmente hablando se trata de una opción menos interesante. De hecho, el premio Alpha no lo otorga Dios Todopoderoso sino un comité que recibe nominaciones, solicita y lee informes, y no siempre acierta con sus decisiones. La candidatura de un científico puede estar restringida oficialmente por motivos de nacionalidad, edad y otras categorías por el estilo, pero no debería depender de raza, género, opiniones políticas, etcétera. Sin embargo, todo el mundo sabe que estas últimas también suelen resultar decisivas.

Veamos un ejemplo de evaluación. Un buen departamento de matemáticas, el de la Universidad de Princeton, pongamos por caso, quiere contratar a un nuevo profesor. En este caso la elección corre a cargo de matemáticos competentes, capaces de descubrir y valorar a jóvenes talentos. El departamento desea contratar a colegas de un alto nivel matemático y lo más probable es que escojan con buen tino. Pensemos, por el contrario, en un comité que no se considera muy competente pero quiere salvaguardar su reputación. Para ir sobre seguro, dicho comité puede buscar un candidato que ya haya recibido varias distinciones y concederle una más. O puede hacer caso a los rumores de que un candidato está a punto de demostrar un problema importante, y equivocarse en la elección.

Lo que he tratado de demostrar es que la evaluación de científicos y la concesión de honores pueden ser acertadas o no, pero son un elemento necesario de la ciencia humana. Podrán ser un fastidio pero representan un grave problema que no cabe soslayar ni desestimar. Con todo, no siempre hay que tomarse los problemas graves en serio pues en ocasiones la solución, tal como muestra la siguiente historia, viene de donde menos se la espera.

Me encontraba, en cierta ocasión, asistiendo a un solemne encuentro de la Academia de las Ciencias de París, bajo la cúpula del Instituto de Francia. El público era de lo más distinguido y muchos de los presentes lucían el traje verde de los académicos, con el sombrero de tres picos en la mano y la espada colgando del cinto. Se pronunciaron elegantes discursos sobre diversos aspectos de la vida de la Academia y, posteriormente, sobre cuestiones de tanto peso como el futuro de la humanidad y el planeta, la responsabilidad del científico, etcétera. Al cabo de dos horas el encuentro llegó a su fin y, como tenía otras cosas que hacer, me preparé para marcharme rápida y discretamente. Fui el primero en salir pero, mientras apretaba el paso, tuve la sensación de que pasaba algo raro: me hallaba flanqueado por dos hileras de soldados con uniforme de gala y sable en ristre. Era la guardia republicana y se suponía que tenían que saludar a los académicos vestidos de verde al son de los tambores. (Nada de trompetas, eso es en el día del juicio final.) El caso es que me había equivocado tanto de atuendo como de momento: debería haber salido por un lado, no en medio de aquellos soldados de mirada torva. Traté de pasar desapercibido, pero ¿cómo pasar desapercibido cuando se camina en zigzag entre dos filas de guardias republicanos con el sable en ristre? Entonces, mientras miraba a derecha e izquierda para no extraviarme, divisé al jefe de los guardias, un verdadero gigante. Con su porte aristocrático y un rostro impasible del que me veía incapaz de despegar la mirada, resultaba imponente. Él también me miraba a mí, sin sonreír. Y entonces le vi cerrar un ojo y volverlo a abrir lentamente: un guiño inconfundible que me sacó del apuro.

El infinito:
la cortina de humo
de los dioses

Volvamos ahora a la actividad esencial de los matemáticos, esto es, demostrar teoremas a base de aplicar reglas lógicas a otros teoremas y a los axiomas básicos. Todas las matemáticas pueden desarrollarse a partir de la teoría de conjuntos, luego lo único que necesitamos son los axiomas de la teoría de conjuntos. ¿Qué axiomas son ésos? La mayor parte de las matemáticas contemporáneas se basan en un sistema de axiomas denominado ZFC (o Zermelo-Fraenkel-Choice, por Ernst Zermelo[1], Adolf Fraenkel[2] y el axioma de elección, *axiom of choice* en inglés). A decir verdad, los matemáticos rara vez usan los axiomas del ZFC en sí; lo que hacen es invocar teoremas bien conocidos que se pueden derivar del ZFC. Así, si uno quiere demostrar que hay un número infinito de números primos, normalmente no tratará de derivar ese dato del ZFC, sino que se basará en la conexión que otro matemático ya ha establecido entre números enteros y teoría de conjuntos para, a partir de ahí, derivar una determinada cantidad de hechos bien conocidos acerca de los números enteros (véase abajo).

Los axiomas del ZFC pueden encontrarse en varios lugares. En el *Encyclopedic Dictionary of Mathematics*[3] he encontrado una lista de diez axiomas formulados en lenguaje formal. El axioma número 5 es:

$$\exists x \; \forall y(\neg y \in x).$$

Recordemos que es necesario conocer las «reglas lógicas» que nos permiten manipular los símbolos que constituyen los axiomas y los teoremas. Las expresiones formales que escribimos también poseen un significado intuitivo. Aunque en teoría es posible desarrollar toda actividad matemática sin ese significado intuitivo, los matemáticos humanos suelen considerarlo fundamental. En cuanto al axioma número 5, lo que expresa es que existe un conjunto x tal que para todo y es falso que y pertenece a x. Dicho de otro modo, existe un conjunto x que no contiene ningún elemento. El conjunto x se denomina conjunto vacío y suele representarse mediante el símbolo $\emptyset$. Por tanto, el axioma número 5 afirma que existe un conjunto vacío $\emptyset$. Una vez que se tiene el conjunto $\emptyset$, también puede considerarse el conjunto $\{\emptyset\}$ (diferente de aquél), que tiene solamente un elemento (a saber: el conjunto vacío $\emptyset\}$, y el conjunto $\{\{\emptyset\}\}$, con un solo elemento: $\{\emptyset\}$. También pueden considerarse el conjunto $\{\emptyset, \{\emptyset\}\}$, que contiene los dos elementos $\emptyset$ y $\{\emptyset\}$, el conjunto $\{\emptyset, \{\emptyset\}, \{\{\emptyset\}\}\}$, que contiene tres elementos, etcétera. Que no se preocupe el lector si todo esto le marea un poco, es una reacción de lo más normal, pero sírvase apreciar, de pasada, que hemos descubierto una forma de introducir los enteros naturales 0, 1, 2, 3,... asociándolos a los conjuntos $\emptyset$, $\{\emptyset\}$, $\{\emptyset, \{\emptyset\}\}$, $\{\emptyset, \{\emptyset\}, \{\{\emptyset\}\}\}$, ...

No es éste el lugar apropiado para analizar detalladamente los axiomas del ZFC, pero sí mencionaré el axioma número 6, que, en lenguaje de andar por casa, expresa que existe un conjunto con un número infinito de elementos o, como los matemáticos gustan de decir, «existe un conjunto infinito». ¿Qué necesidad hay de insistir en tal axioma, cuando está claro que los números enteros naturales 0, 1, 2, 3,... forman un conjunto infinito? La razón es que los axiomas van primero y los números enteros después, y lo que al sentido común se le antoja evidente resulta ser una consideración menor cuando lo que se pretende es dotar a las matemáticas de una base sólida. La grandiosa construcción de la teoría abstracta de conjuntos que inició Georg Cantor a finales del siglo XIX estuvo plagada de paradojas que provocaron una crisis de los fundamentos de las matemáticas[4]. Demos las gracias a los lógicos que, a comienzos del siglo XX, nos proporcionaron una sólida base axiomática para la teoría de conjuntos.

He olvidado decir qué es un conjunto infinito. Según una definición informal, un conjunto es infinito si contiene tantos elementos como un subconjunto estrictamente menor. Por ejemplo, el conjunto {0, 1, 2, 3, …} compuesto por los números enteros naturales contiene tantos elementos como el subconjunto {0, 2, 4, …} compuesto por los números enteros naturales pares. (Para entenderlo, asóciese el número entero n a su doble $2n$.) Pero el conjunto de los enteros naturales pares es estrictamente menor que el conjunto de todos los enteros naturales puesto que le faltan los elementos 1, 3, 5, … Por consiguiente, el conjunto {0, 1, 2, 3, …} de los números enteros naturales es infinito. Y ahora que ya hemos definido lo que significa infinito, también hemos de decir que los números primos son infinitos.

Si dos números primos están separados por una distancia de 2, se los denomina números primos gemelos (3 y 5 son primos gemelos, así como 5 y 7, 11 y 13, 17 y 19, …). Se cree, aunque no se ha demostrado, que existen infinitos números primos gemelos. Así pues, el hecho de que los axiomas del ZFC constituyan un fundamento satisfactorio de nuestras matemáticas no significa que todas las preguntas aparentemente razonables puedan responderse con facilidad. De hecho, según el teorema de incompletitud de Gödel, no hay forma de dar una respuesta sistemática a todas las preguntas matemáticas.

Pero dejemos de momento a Gödel y tratemos de resolver el problema de los números primos gemelos por la fuerza. Contamos todo los números primos menores que un determinado valor N (lo cual se puede hacer de un modo bastante explícito), a continuación seleccionamos los pares de gemelos (lo cual también puede hacerse de un modo bastante explícito)… y entonces nos quedamos atascados, pues tendríamos que fijar arbitrariamente un N demasiado grande y el cálculo nos llevaría una eternidad. La solución del problema de los primos gemelos está «oculta en el infinito» en valores de N arbitrariamente grandes.

Entonces, ¿cómo es que sabemos que hay infinitos números primos? La respuesta es que, en lugar de contar todos los números primos, empleamos un ingenioso argumento matemático que ya era conocido por Euclides: sea $n! = 1 \cdot 2 \cdot \ldots n$, esto es, el producto de todos los números enteros consecutivos de 1 a n. Evidentemente, $n!$ es un múltiplo exacto de cada número entero k de 2 a n. O, como suele decirse, «k divide a $n!$» (es decir, el resto de la división de $n!$ entre k es 0). Sin embargo, k no divide a $n! + 1$ (porque en este caso el resto de la división es 1). Por tanto, cualquier número k (mayor que 1) que divida a $n!$ + 1 deberá ser mayor que n. En particular, cualquier factor primo de $n!$ + 1 es mayor que n. Para un número n arbitrariamente grande podemos, pues, encontrar un número primo k mayor que n: existen números primos arbitrariamente grandes. Nótese que en este argumento no hemos retrocedido hasta los axiomas del ZFC sino que nos hemos limitado a usar de manera informal una serie de hechos y conceptos harto conocidos acerca de los números enteros (como el hecho de que un número entero pueda escribirse en forma de producto de números primos, independientemente del orden de los factores). Así es como actúan normalmente los matemáticos, aunque en principio sería posible remontarse hasta el ZFC para relacionar los números enteros con la teoría de conjuntos y proceder con absoluto rigor.

Lo bueno de las matemáticas es que los argumentos ingeniosos brindan respuestas a problemas imposibles de resolverse por la fuerza. Ahora bien, nada nos garantiza que siempre vaya a haber un argumento ingenioso. Acabamos de ver uno que sirve para demostrar que existen infinitos números primos, pero no se conoce ninguno que demuestre que existen infinitos pares de números primos gemelos.

Veamos otra idea. A partir de nuestros axiomas preferidos (los del ZFC, pongamos por caso) es posible escribir sistemática y mecánicamente una lista de todas las demostraciones correctas. Así pues, también es posible elaborar una lista de todos los enunciados que cuentan con una demostración extraída de nuestros axiomas, verificando a cada paso si hemos obtenido una demostración de nuestro enunciado preferido (como, por ejemplo, «existen infinitos pares de números primos gemelos»). Para la lista de enunciados que poseen una demostración usaremos lenguaje formal (como el del axioma número 5) y nos serviremos de un algoritmo para producir la lista sistemática y mecánicamente. (Un algoritmo nos guía a través de una secuencia de pasos, diciéndonos exactamente qué hacer en cada uno de ellos. Para ejecutarlo basta con un ordenador convenientemente programado.) Téngase en cuenta que en la lista de enunciados generada por el algoritmo éstos pueden aparecer repetidos y algunos enunciados cortos pueden aparecer bastante tarde y de forma imprevista.

Así pues, existe un algoritmo que genera una lista de enunciados que pueden demostrarse a partir de los axiomas. He aquí, sin embargo, un hecho sorprendente (y no evidente a simple vista): no existe ningún algoritmo que genere una lista de todos los enunciados que no pueden demostrarse a partir de los axiomas[5]. En la jerga de la lógica matemática, se dice que el conjunto de enunciados demostrables es «recursivamente enumerable», mientras que el conjunto de enunciados que carecen de demostración no es recursivamente enumerable. Nótese que el conjunto de enunciados cuya negación es demostrable también es recursivamente enumerable, con lo cual no puede coincidir con el conjunto de enunciados que no pueden demostrarse. Es el célebre teorema de incompletitud de Gödel: «si una teoría es coherente (es decir, es imposible demostrar un enunciado y su negación), existen enunciados que no pueden ni demostrarse ni desmentirse»[6].

Según lo que acabamos de ver, existe una relación entre los algoritmos y el teorema de incompletitud de Gödel: hay series de enunciados (o de números enteros naturales) que un algoritmo puede generar, y otras que no. El motivo es que hay infinitos enunciados (o números enteros). Siempre que se trabaja con conjuntos infinitos existen limitaciones en cuanto a las tareas que pueden realizarse efectivamente.

¿Y cuáles son esas tareas que pueden realizarse efectivamente? Gödel, Church[7] y Turing han dado diferentes respuestas, las cuales, por fortuna, resultan ser equivalentes. Dicho en pocas palabras, una tarea puede realizarse efectivamente si existe un ordenador que pueda realizarla. Este ordenador ha de ser un autómata finito (Turing demostró que podía ser bastante simple) que disponga de una memoria y un tiempo de operación ilimitados.

Antes de dejar a Gödel quiero mencionar una consecuencia de su obra que tiene que ver con la práctica actual de las matemáticas, a saber: que los enunciados cortos pueden tener demostraciones arbitrariamente largas. ¿Qué significa eso? Pues, concretamente, que, a medida que la longitud L varía, el máximo, para una L dada, de

longitud de la demostración más corta de un enunciado demostrable de longitud L

no es una función efectivamente calculable de la longitud L[8]. Dado que las funciones que el lector conoce (polinómicas, exponenciales, exponenciales de exponenciales, etcétera) son efectivamente calculables, lo que significa dicho aserto es que la longitud de la demostración crece a una velocidad absolutamente extraordinaria a medida que lo hace la longitud del enunciado *L*.

Dicho en otras palabras, algunos enunciados cortos tienen una demostración larguísima y, en consecuencia, difícil de encontrar, y es imposible saber si dicha demostración existe hasta que no se encuentra. Por eso son demostraciones muy valoradas por los matemáticos.

Puede que el lector, llegado a este punto, se pregunte a qué clase de jueguecitos se dedican los matemáticos cuando introducen nociones tan contrarias al sentido común como la de conjuntos imposibles de construir mediante algoritmos, o funciones efectivamente incalculables. ¿De veras es necesario? Pues depende de lo que se quiera hacer. Hace miles de años, la tarea de contar cabezas de ganado, esclavos o fanegas de trigo se tornó importante para nuestros antepasados. Y los trueques de un artículo por otro suscitaban problemas de aritmética elemental que a la sazón no eran muy fáciles de resolver. En aquella época no se planteaba la cuestión de las funciones no calculables, es cierto, pero algunos de nuestros antepasados fueron más allá del mero cómputo de ovejas y su trueque por ánforas de aceite o vino y empezaron a pensar en los números en general y en todos los posibles triángulos y demás formas geométricas. Cuando tuvo lugar esa reflexión, en algún momento de la antigüedad, nacieron las matemáticas. Para analizar las propiedades generales de los números o de los triángulos no sirve el método rudimentario de ir mirándolos todos uno a uno, porque son demasiados. Al examinar todos los elementos de conjuntos infinitos como el de los números o el de las figuras geométricas, el hombre penetra en el dominio de los dioses (como diría Platón). Y en el dominio de los dioses se han descubierto muchos hechos matemáticos maravillosos: propiedades ocultas de los números enteros, teoremas de geometría inesperados, etcétera. Sin embargo, no se han desvelado todos los misterios: quedan problemas que tal vez se resuelvan en el futuro. O tal vez sean irresolubles y, según el teorema de incompletitud de Gödel, nunca daremos con su solución. Los matemáticos querrían hablar de las propiedades de todos los elementos de conjuntos infinitos, pero en un conjunto infinito las propiedades pueden estar ocultas muy lejos. Y a Platón quizás le habría complacido ver que, si bien los dioses nos han franqueado el paso a sus dominios, también se las han ingeniado para mantener algunos de sus misterios fuera de nuestro alcance.

13

Fundamentos

Las matemáticas de la antigüedad se ocupaban de objetos que parecían naturales —a saber, figuras geométricas y números— y empleaban un método natural, la deducción lógica a partir de unos pocos axiomas y definiciones aceptados. En líneas generales, el principio del método axiomático no ha cambiado hasta nuestros días, pero el número de objetos estudiados ha aumentado enormemente habida cuenta de que el lenguaje y las técnicas se han diversificado.

Una descripción moderna, al estilo Bourbaki, de las matemáticas haría hincapié en las estructuras, ya fuesen simples, como las de los grupos[1], o complejas, como las de las variedades algebraicas que hemos mencionado anteriormente. Las estructuras simples se estudiarían bajo los epígrafes de teoría de conjuntos, álgebra, topología, etcétera, mientras que las estructuras más complejas irían bajo el epígrafe de la geometría algebraica o de las dinámicas no lineales, por ejemplo. (Los grupos son parte del álgebra, mientras que las variedades algebraicas son parte de la geometría algebraica.) Esta clasificación de materias matemáticas es, qué duda cabe, muy práctica, pero resulta un tanto burocrática y su naturalidad está por ver. A decir verdad, las matemáticas más interesantes discurren por cauces que no siempre coinciden con el enfoque estructural de los bourbakistas.

La diversificación de las materias estudiadas por las matemáticas modernas se ha visto contrarrestada por tendencias unificadoras. Un factor unificador es la inesperada aparición de conexiones entre temas que a simple vista no guardaban relación. Por ejemplo, un asunto denominado la «teoría de las funciones de una variable compleja»[2] ha resultado ser una herramienta crucial en otro ámbito matemático completamente distinto como es la aritmética (el estudio de los números enteros). De hecho, hoy en día, la incógnita más famosa de las matemáticas es la hipótesis de Riemann, una conjetura sobre las propiedades de una función particular de una variable compleja que tendría importantes consecuencias para nuestro conocimiento de los números primos[3].

Otro factor unificador de las matemáticas es que pueden basarse íntegramente en un tratamiento axiomático de la teoría de conjuntos, como acabamos de ver en el capítulo 12. En este caso los axiomas básicos (el del ZFC, pongamos por caso) tienen un significado aprehensible de forma intuitiva que los torna aceptables para los matemáticos modernos, del mismo modo que los axiomas de Euclides les resultaban aceptables a los griegos.

Ahora bien, mientras que las matemáticas de la antigüedad eran atractivas por naturaleza, no podemos decir lo mismo de las matemáticas actuales. Los matemáticos antiguos perseguían la verdad, mientras que nosotros perseguimos las consecuencias de unos axiomas que podrían substituirse por otros axiomas con diferentes consecuencias. Mientras los antiguos jugaban con rectas, círculos y números enteros, nosotros hemos introducido una plétora de estructuras esotéricas. Y si uno mira las revistas técnicas donde los matemáticos modernos dejan constancia de su labor, es probable que se pregunte a qué se dedican realmente: ¿por qué escogen ese problema? ¿qué suposiciones son ésas? ¿qué sentido tiene todo eso?

Lo que nos gustaría saber es hasta qué punto son naturales las matemáticas modernas. Dos son, a mi entender, las vertientes de esta cuestión: en primer lugar, el problema de la arbitrariedad de los fundamentos (¿por qué el ZFC?), y en segundo, el problema de la arbitrariedad de los objetos de estudio (¿por qué el último teorema de Fermat?).

Vamos a dedicar este capítulo al problema de los fundamentos, aceptando la idea de que todas las matemáticas se basan en la teoría de conjuntos[4]. Es un punto de vista ampliamente aceptado en la actualidad, por más que los matemáticos del mañana tal vez vean las cosas desde una óptica bastante diferente. Pero ¿por qué escoger específicamente los axiomas del ZFC?

Resulta instructivo analizar el caso del axioma de elección (la C del acrónimo ZFC). El enunciado de este axioma no viene ahora al caso, de modo que lo relegaremos a una nota[5], y otro tanto haremos con una extraña consecuencia del mismo, la llamada paradoja Banach-Tarski[6]. Llamemos ZF a los axiomas de Zermelo-Fraenkel sin el axioma de elección. Como demostró Gödel, si el ZF es coherente (esto es, si dichos axiomas no dan lugar a contradicción), también lo es el ZFC[7]. Así pues, la coherencia no está en tela de juicio a la hora de usar el axioma de elección, pero hay que tener en cuenta otras cuestiones. Algunos matemáticos muestran una sincera antipatía por el axioma de elección y otros ponen cuidado en verificar si una teoría dada lo emplea o no. En cualquier caso, lo cierto es que hoy en día la mayoría considera que obtiene resultados matemáticos más ricos e interesantes con este axioma que sin él[8], razón por la cual el ZFC es el fundamento estándar de las matemáticas actuales.

¿Significa eso que la base axiomática de las matemáticas ya no volverá a cambiarse nunca más? Personalmente opino que habrá cambios pero que tendrán lugar lentamente.

Entre los problemas que los matemáticos han abordado en los últimos cien años, algunos, como la demostración del último teorema de Fermat o la clasificación de los grupos finitos simples[9], se han resuelto de manera satisfactoria. Pero han sido éxitos logrados a costa de demostraciones larguísimas (lo cual no debe sorprendernos en vista de los hallazgos de Gödel a propósito de la longitud de las demostraciones que hemos mencionado en el último capítulo). También se ha demostrado que algunos problemas son indecidibles en términos lógicos: es el caso del décimo problema de Hilbert, sobre las ecuaciones diofánticas[10]. Por último, algunos problemas siguen en el aire, como la hipótesis de Riemann.

La hipótesis de Riemann (HR) es una conjetura técnica que, por diversas razones, ha captado la atención, cuando no la pasión, de los matemáticos. Trata de una cierta función denominada «función zeta de Riemann» y es relativamente fácil de formular con exactitud. Para el enunciado habitual de la HR remito al lector a una de las notas[11], aunque no alcance a mostrar ni remotamente el porqué del enorme interés de la hipótesis. El primer motivo por el que interesaría saber si la HR es verdadera lo dio el propio Riemann: la hipótesis comporta resultados detallados acerca de los números primos que por lo demás parecen ser inaccesibles pero que se tienen por ciertos. Un segundo motivo de interés es que se antoja extraordinariamente difícil de demostrar. Y el último y más importante es que la HR guarda relación con profundas cuestiones estructurales. En concreto, las conjeturas de Weil (que hemos mencionado anteriormente y que fueron demostradas por Grothendieck y Deligne) contienen una idea relacionada con la HR pero en un contexto sin relación aparente. Aunque este capítulo no es el lugar más apropiado para análisis técnicos, vamos a echar un vistazo a algunas de las cuestiones lógicas que conlleva la HR con el fin de hacernos una idea de cómo piensan los lógicos.

Técnicamente, la HR dice que la función zeta de Riemann nunca es cero en cierta «región prohibida» del plano complejo en que se define. Más específicamente, si la HR es falsa, podemos demostrarlo exhibiendo un cero en la región prohibida. (Esto se puede hacer mediante un cálculo numérico.) Supongamos ahora que la HR es indecidible. Debido a ese carácter indecidible es imposible exhibir un cero en la región prohibida. (Pues, en efecto, el cero indicaría que la HR es falsa y, por tanto, no indecidible.) Ahora bien, si no podemos exhibir un cero, eso significa que no hay un cero en la región prohibida, es decir, ¡que la HR es verdadera! Dicho de un modo más preciso, si la HR es indecidible sobre la base del ZFC y el ZFC es coherente (esto es, que no da lugar a contradicciones), entonces la HR es verdadera.

Hemos dicho que la HR puede ponerse a prueba mediante cálculos numéricos. De hecho, ya se ha trabajado mucho en este sentido y se han obtenido considerables pruebas numéricas que refrendan la hipótesis. Sin embargo, aunque un cálculo numérico demuestra fehacientemente que la HR es falsa, las pruebas con las que contamos no sirven para demostrar que es verdadera. Podríamos considerar todos esos cálculos como un ingente esfuerzo hasta ahora infructuoso por refutar la HR. No parece arriesgado afirmar que no va a aparecer de la noche a la mañana ningún astuto supergenio con una breve demostración, o refutación, de la HR; si tal demostración, o refutación, existe, lo más probable es que sea larga y complicada. Aun en el supuesto de que la HR tuviese una demostración, podría ser tan larga que las limitaciones físicas del universo en que vivimos impedirían su realización (porque exigiría demasiado papel, o demasiado tiempo de operación para un ordenador, etcétera).

Volvamos, sin embargo, a examinar la posibilidad de que la HR sea indecidible, esto es: que no tenga demostración ni refutación. Aparentemente, esta posibilidad es un callejón sin salida: ya no se puede hacer nada más. Pero lo cierto es que sí que se puede hacer algo más, y es tratar de demostrar que la HR es indecidible. No es una empresa inconcebible; de hecho, el lógico Saharon Shelah ha planteado lo que prudentemente denomina un «sueño», a saber: demostrar que la hipótesis de Riemann es indemostrable en AP pero demostrable en alguna teoría superior[12]. Las iniciales AP significan «aritmética de Peano» (véase la nota 4), un sistema de axiomas más débil que el ZFC. La idea de Shelah es emplear las técnicas de la lógica matemática para demostrar la indecibilidad de la HR en la AP. La conclusión que se sigue es que la HR es verdadera si la AP es coherente.

Así pues, los lógicos matemáticos, al contemplar los sistemas axiomáticos desde fuera (o sea, al desarrollar una actividad matemática), pueden alcanzar un nivel de comprensión que al típico matemático que trabaja dentro de un sistema como el ZFC o la AP se le escapa. No obstante, es un hecho sociológico que, hoy en día, casi todos los matemáticos contemplan las metamáticas con cierta falta de entusiasmo. Muestran el debido respeto por Gödel y su teorema de incompletitud y ensalzan la demostración de la irresolubilidad del décimo problema de Hilbert, pero prefieren dedicarse a las «verdaderas» matemáticas, para cuya práctica han desarrollado un refinado arsenal de técnicas, intuición y gusto.

Las cosas, con todo, están cambiando. Aunque hoy casi podría decirse que las matemáticas consisten en estudiar las consecuencias del ZFC, dudo de que dentro de un siglo ocurra lo mismo. Nos guste o no, todo apunta a que la lógica matemática (la metamatemática) desempeñará un importante papel en el futuro de nuestras ciencias exactas.

14
Estructuras
y creación
de conceptos

En el capítulo 3 hemos visto que la idea de la estructura matemática está presente en el programa de Erlangen de Klein y, aunque bajo una forma diferente, también domina los *Eléments de Mathématique* de Bourbaki. Podría decirse que las estructuras inervan todas las matemáticas modernas, unas veces de manera más explícita que otras. Así y todo, el salto desde los axiomas de la teoría de conjuntos hasta la definición de diversas estructuras (como grupos, geometrías, etcétera) puede parecer un tanto artificioso, por lo que sería bueno determinar si las elecciones que se llevan a cabo son inevitables y naturales.

No obstante, antes de entrar a examinar el origen de las estructuras debo aclarar una cuestión terminológica relativa a los axiomas. Cuando introducimos el concepto de un grupo lo hacemos imponiendo ciertas propiedades que dicho grupo debería poseer[1], propiedades que denominamos axiomas. Ahora bien, los axiomas que definen un grupo son un tanto diferentes de los axiomas del ZFC que fundamentan la teoría de conjuntos. Dicho en dos palabras, siempre que desarrollamos una actividad matemática estamos aceptando el ZFC; todo trabajo matemático actual emplea sistemáticamente consecuencias bien conocidas del ZFC (sin, por lo general, mencionarlo). En cambio, los axiomas de un grupo sólo se usan cuando conviene. Supongamos, a los efectos del problema que nos ocupa, que hemos introducido el producto $a \cdot b$ de los elementos a, b de un conjunto G. Si este producto satisface las propiedades adecuadas para un grupo (esto es, asociatividad, existencia de elemento unidad y existencia de inversos), decimos que el conjunto G con el producto · es un grupo. Pero también puede ocurrir que no se satisfaga algún axioma (por ejemplo, la asociatividad: $a \cdot (b \cdot c) = (a \cdot b) \cdot c$), con lo cual G no es un grupo.

Los axiomas de Euclides desempeñaban para los griegos un papel similar al que desempeña el ZFC para nosotros. Hoy en día, sin embargo, la geometría euclidiana se aborda desde un prisma distinto, a saber: partiendo del ZFC, se definen los números reales y a continuación el plano euclidiano (o el espacio tridimensional euclidiano). Entonces ya es posible verificar que los puntos, rectas y demás confirman los axiomas introducidos por Euclides o la reformulación de los mismos que llevó a cabo Hilbert[2]. Desde este punto de vista, pues, la geometría euclidiana es un concepto derivado.

Volvamos a las estructuras. Para hablar de su importancia dentro de las matemáticas es necesario recordar la naturaleza doble de la disciplina. Por un lado, las matemáticas son un constructo lógico que cabe equiparar al producto de una máquina de Turing eternamente dedicada a recopilar todas las consecuencias de los axiomas del ZFC. Es el aspecto mecánico y completamente artificial de nuestra disciplina. Por otro lado, las matemáticas son una actividad humana más entre muchas otras. Supongamos que el lector es un escalador. Su actividad comporta un ser humano, él mismo, y la roca por la que asciende, un mineral que de humano no tiene absolutamente nada. El saliente en el que se apoya para auparse no estaba esperando su llegada: es un mero producto de la erosión ejercida sobre sedimentos compactados que se depositaron originalmente en el lecho marino hace muchos millones de años. Eso no quita, sin embargo, para que ese saliente sobre el que el lector se sostiene en precario equilibrio y el reborde que acaba de encontrar y que, por fortuna, le proporciona un excelente asidero, supongan muchísimo para su naturaleza humana, hasta el punto de que su vida depende de ellos.

Es evidente, pues, que las matemáticas tienen una naturaleza doble: en parte humanas y en parte puramente lógicas. Las matemáticas humanas exigen formulaciones cortas (debido a nuestra limitada memoria, etcétera), pero la lógica matemática establece que los teoremas con enunciados cortos pueden tener demostraciones muy largas, tal como demostró Gödel[3]. Evidentemente, a nadie le apetece repetir una y otra vez la misma demostración. En lugar de eso, lo que se hace es usar repetidamente el sucinto teorema que acabamos de obtener, y una importante herramienta para obtener enunciados breves es asignar nombres cortos a los objetos matemáticos más recurrentes. Estos nombres cortos designan nuevos conceptos, con lo cual vemos que, en la práctica matemática, la creación de conceptos surge como consecuencia de la lógica inherente de la disciplina y de la naturaleza humana de los matemáticos.

¿Ejemplos? Todos los matemáticos de renombre. En la geometría de Euclides un concepto que se hizo acreedor a un nombre es el del ángulo recto, y un teorema usado una y otra vez es el de Pitágoras (que emplea el concepto del ángulo recto). Un ejemplo más moderno es el concepto de la función analítica[4]. Un teorema usado repetidamente afirma que «una función analítica en un dominio alcanza su valor máximo en la frontera». Habrá profesionales que tuerzan el gesto ante un enunciado tan poco elegante como el que acabo de dar[5], más propio del lenguaje oral que del escrito, pero lo cierto es que los enunciados poco elegantes son útiles como formulaciones abreviadas de teoremas más largos que son «del dominio público». Y la práctica matemática emplea gran cantidad de formulaciones breves como «la imagen continua de un conjunto compacto es compacta»[6]. Otras veces los teoremas simplemente se mencionan de pasada, de modo que un matemático puede escribir algo como: «En virtud de la compacidad, es evidente que…».

Con el análisis que acabo de presentar he pretendido dar una idea del cómo y el por qué de la actividad matemática: demostraciones inevitablemente largas, énfasis en las formulaciones breves y uso de definiciones apropiadas para reducir las cosas. Lo que obtenemos finalmente es una teoría matemática, esto es, un constructo humano que inevitablemente emplea conceptos introducidos por definiciones. Y los conceptos evolucionan a lo largo del tiempo porque las teorías matemáticas tienen vida propia. No sólo se demuestran teoremas y nuevos conceptos sino que, al mismo tiempo, se revisan y redefinen los viejos. Permítaseme mencionar, en atención al lector versado en topología, la emergencia de un concepto extraordinariamente útil y natural, el de los conjuntos compactos[7]. Primero apareció entre otras clases de conjuntos con definiciones un tanto diferentes pero con el tiempo terminó identificándose el concepto correcto de conjunto compacto, que es el vigente en la actualidad.

Me resulta muy satisfactorio que podamos entender la creación de conceptos matemáticos como una consecuencia inevitable de la estructura lógica de las matemáticas y de rasgos básicos de la mente humana. El enfoque que hemos adoptado se me antoja preferible a la tentativa de entender la creación de conceptos en general, pasando por alto los rasgos específicos del sustrato (proporcionados en este caso por la lógica matemática) y de la mente humana (con su deficiente memoria, etcétera).

Sin embargo, hemos de reconocer que nuestro conocimiento de la estructura lógica de las matemáticas y de los mecanismos de la mente humana sigue siendo bastante limitado, con lo cual apenas tenemos respuestas parciales a ciertas cuestiones, mientras que otras permanecen en el aire.

Una cosa que convendría saber es hasta qué punto se habrían desarrollado las ciencias exactas con otros conceptos diferentes de los que conocemos. En la analogía de la escalada, la pregunta es si hay varias vías para alcanzar una cumbre y la respuesta suele ser que sí. En matemáticas, la estructura conceptual de un tema a menudo también puede desarrollarse de diversas formas. Así, el lector familiarizado con la teoría de la medida sabrá que algunos colegas optan por la teoría abstracta de la medida mientras que otros prefieren vérselas con medidas de Radon[8]. Y los probabilistas (que están un poco aislados dentro de la comunidad matemática) estudian las medidas con su propia terminología (marginales, martingalas, etcétera) y sus propios conceptos e intuición. En ocasiones, por razones extramatemáticas, se crea una nueva rama de las ciencias exactas que resulta tener un enorme interés intrínseco o que arroja luz sobre partes más viejas de la disciplina. Así, el surgimiento de los ordenadores electrónicos propició el desarrollo de una teoría de algoritmos con nuevos conceptos tan importantes como el de la completitud NP[9], que difícilmente habría podido encontrarse de otra forma. Yo mismo me vi personalmente involucrado en una historia que relataré en un capítulo posterior y que tiene que ver con el desarrollo de un concepto de un estado de Gibbs durante el estudio matemático de una rama de la física denominada mecánica estadística del equilibrio. Posteriormente, los estados de Gibbs resultaron ser una herramienta fundamental para el estudio de los llamados difeomorfismos de Anosov, por más que éstos, a priori, no tengan nada que ver con la mecánica estadística. Estos ejemplos contradicen la noción de que los buenos conceptos matemáticos sólo surgen de la necesidad matemática interna. En ocasiones es así, pero otras veces los conceptos de procedencia externa resultan ser sumamente eficaces y terminan considerándose naturales.

Estoy dudando si formular o no la siguiente pregunta: ¿qué estructura tendrían unas matemáticas no humanas? En la analogía de la escalada, es evidente que los problemas a los que se enfrentan un lagarto o una mosca a la hora de ascender por una pared de roca son muy diferentes de los que debe solventar un alpinista humano. Aunque sea difícil concebir matemáticos no humanos[10], en el ejemplo de los ordenadores hemos visto que éstos tal vez puedan habérselas con ciertas cuestiones mejor que nosotros (porque tienen mejor memoria, trabajan más rápido y cometen menos errores). Asimismo, si pensamos en ello, la biología (esto es, la evolución natural) ejemplifica un tipo de inteligencia no humana: no sólo ha solucionado muchos problemas de ingeniería de enorme dificultad sino que ha creado un cerebro capaz de desarrollar actividades matemáticas. Ahora bien, la evolución procede a base de ensayo y error de un modo que no tiene absolutamente nada de conceptual[11].

Volviendo a las matemáticas humanas, hemos visto por qué están necesariamente basadas en conceptos o, si se prefiere, estructuras. Sin embargo, la introducción explícita de las estructuras en el sentido moderno (tal y como las encontramos en Bourbaki) es relativamente tardía. Por ejemplo, la estructura de grupo abstracta no aparece hasta finales del siglo XVIII y siglo XIX. Una vez introducidas, estas estructuras resultaron ser extraordinariamente útiles y hoy son cruciales para muchas áreas de las ciencias exactas. Ahora bien, ¿hasta qué punto son inevitables? ¿Son la columna vertebral de las matemáticas que finalmente se reveló en los siglos XIX y XX? ¿O no son más que una suerte de andamiaje, muy eficaz desde luego, pero en esencia artificial? (Por terminar con la analogía de la escalada, pensemos en una escalera metálica que nos permitiese coronar la cumbre con un mínimo esfuerzo.)

Este tema de la naturalidad de las estructuras matemáticas, en la medida en que resulta comprensible, probablemente no tenga una sola respuesta clara y sencilla. Recordemos el subtítulo del tratado de Bourbaki: «las estructuras fundamentales del análisis»[12]. Muchos matemáticos convendrían en que las estructuras contempladas por Bourbaki son naturales y tal vez inevitables. Pero también existe una visión más dinámica de las estructuras, como la adoptada por Grothendieck, que se ha descrito en los siguientes términos: «uno no ataca un problema de frente sino que lo envuelve y disuelve en una marea ascendente de teorías muy generales»[13]. Aunque el estilo matemático de Grothendieck es sumamente estructural, «hiper-Bourbakista», no por ello soslaya los problemas que aspira a resolver o disolver. Si el tratado de Bourbaki puede considerarse un museo de estructuras, la empresa de Grothendieck fue el desarrollo imaginativo de ideas generales con el objeto de entender viejos y nuevos campos de las matemáticas. Como dije anteriormente, el programa de Grothendieck representó un logro extraordinario y propició la solución de importantes problemas, en general por parte de otros.

En resumidas cuentas, podemos decir que las estructuras generales son una herramienta notable para el estudio de ciertas áreas de las ciencias exactas. Además de útiles, resultan naturales e incluso inevitables a ojos de los modernos matemáticos, pero la pregunta de hasta qué punto son verdaderamente naturales e inevitables sigue sin respuesta.

Más adelante examinaremos con más detalle cómo creamos los humanos nuevas realidades matemáticas. Según esta visión dinámica, una elección atinada de estructuras o conceptos matemáticos desempeña un papel fundamental.

La manzana
de Turing

No es fácil describir la dicha que producen la comprensión y el descubrimiento matemáticos, pero es extraordinaria. ¿Puedo repetir la vieja historia de $\sqrt{2}$? Sabemos que la diagonal d de un cuadrado de lado 1 es $\sqrt{2}$ (es decir, $d^2 = 1^2 + 1^2 = 2$, de acuerdo con el teorema de Pitágoras). ¿Podemos expresar d como el cociente m/n de dos números enteros; esto es, podemos escribir $\sqrt{2} = m/n$? No, porque eso implicaría $2n^2 = m^2$. Sabemos que un número entero puede escribirse de una manera única como producto de número primos. Pero el número primo 2 está presente un número par de veces en el producto que representa m^2 y un número par de veces en $2n^2$. Por consiguiente, $2n^2$ no puede ser igual a m^2.

Naturalmente, el hecho de que $\sqrt{2}$ sea irracional (es decir, que no pueda transcribirse como m/n) dejará a mucha gente indiferente, bien porque el enunciado y su demostración exceden sus capacidades intelectuales o simplemente porque les trae sin cuidado. Pero si el lector ha llegado hasta este capítulo, lo más probable es que sea otra clase de persona. Entenderá que no podamos limitarnos a usar números que son cocientes de números enteros y que semejante descubrimiento es de capital importancia. El descubrimiento tiene dos mil quinientos años de antigüedad y posee la belleza de las estatuas griegas sin adolecer de su fragilidad. La belleza de las matemáticas es atemporal. Sus múltiples tesoros están permanentemente expuestos ante el visitante: que no sólo $\sqrt{2}$ sino también el número π es irracional[1], que los grupos simples finitos pueden enumerarse, y que algunas preguntas no pueden responderse dentro del marco conceptual de los axiomas del ZFC. En relación a este último punto (el teorema de Gödel), podría decirse que algunas de las respuestas más profundas a los problemas filosóficos se han obtenido en el terreno de la lógica matemática.

La belleza de las matemáticas puede disfrutarse sin necesidad de ser un profesional, de la misma forma que no hace falta ser instrumentista ni compositor para disfrutar de la música. Ahora bien, la investigación activa en el campo de las ciencias exactas brinda recompensas intelectuales diferentes de las gozadas por un espectador. Para convertirse en un investigador matemático de éxito hay que tener, en primer lugar, un don (como para muchas otras actividades), y después también hace falta una formación adecuada, buena suerte y mucho trabajo. Un aspecto específico de las matemáticas, entre otras ciencias, es que se trata de una disciplina donde reina una gran libertad, sin áreas restringidas ni doctrinas secretas. Rara vez se le pide a nadie que muestre sus diplomas y tampoco es imprescindible tener pinta de inteligente. (Hay algunos que, para parecer inteligentes, fruncen el ceño, entornan los ojos o miran hacia abajo o hacia el techo como si consultasen con el Altísimo, pero todo esto carece de la menor importancia y más vale no tenerlo en cuenta.) Estar al tanto del trabajo de los colegas sí es importante, pero tampoco se trata de una investigación en equipo. (Fuera de las matemáticas y de la física teórica, la investigación científica se hace fundamentalmente en equipo.) Así pues, existe la oportunidad de huir de las relaciones amo-esclavo y las ambigüedades que tan a menudo suele llevar aparejadas toda organización jerárquica. Ni que decir tiene que algunos matemáticos quieren ser amos, otros quieren ser esclavos y otros tratarán de involucrar de algún modo al neófito en sus particulares neurosis, pero con suerte, y voluntad, uno puede mantenerse apartado de ellos. La investigación matemática es una empresa sumamente individual que exige agilidad mental y la paciencia necesaria para dar vueltas y vueltas por un lóbrego e infinito laberinto lógico hasta encontrar algo que nadie ha entendido hasta entonces: un nuevo punto de vista, una nueva demostración, un nuevo teorema.

René Thom me dijo un día que las matemáticas (y tal vez, añadió, la física teórica) son el único ámbito en que uno puede encontrar un pensamiento lógico no trivial. Huelga decir que hay otras disciplinas donde también se maneja un pensamiento lógico de extrema sutileza, pero no la larguísima concatenación de rígidos argumentos lógicos encaminados a la formulación de un enunciado que, posteriormente, ya no podrá ponerse en duda. En matemáticas, y más concretamente en lógica matemática, logramos asimilar los objetos más remotos y menos humanos que jamás haya concebido la mente humana. Y esta gélida lejanía ejerce una fascinación irresistible sobre algunas personas. ¿Qué clase de personas?

Los matemáticos son un grupo muy variopinto, hombres y mujeres de todo origen étnico, con talento en otras áreas ajenas a las matemáticas o no, agradables o desagradables, con un fino sentido del humor o sin el menor rastro del mismo. Su forma de llevar a cabo la investigación matemática también es muy variada (y no entro a comentar el caso de aquellas personas relacionadas de un modo u otro con las ciencias exactas pero que afirman no disponer, por desgracia, de tiempo para investigar). Con todo, pese a tanta diversidad, hay unos cuantos rasgos que se repiten entre los matemáticos de un modo significativo en términos estadísticos. Si bien a la hora de dedicarse a las matemáticas son necesarias o deseables determinadas habilidades, otras son opcionales, de modo que parece lógico afirmar que los matemáticos, estadísticamente hablando, son diferentes de los futbolistas, por ejemplo. (Aunque se puede ser un excelente matemático y un excelente futbolista, como lo demuestra el caso de Harald Bohr[2].) Otro motivo por el que los matemáticos pueden ser diferentes de las demás personas es que su actividad, tan intensa como sumamente abstracta, puede acabar teniendo consecuencias sobre su salud y personalidad.

El cerebro es la principal herramienta profesional de todo matemático y hay que conservarlo en un estado razonablemente bueno, lo cual excluye el abuso del alcohol y drogas en que incurren algunos artistas. Muchos matemáticos, eso sí, beben café o té para mantenerse despiertos. El tabaco también puede favorecer la concentración intelectual, aunque algunos de sus restantes efectos son bastante catastróficos. Hubo una época, en la década de los sesenta, en que el consumo de marihuana era generalizado en los ambientes académicos estadounidenses, inclusive entre los matemáticos, pero no he oído a ninguno decir que le ayudase en su labor. Un dato curioso es que algunos matemáticos beben vino para calmarse. En efecto, algunos individuos dotados de un pensamiento muy rápido tienden a acelerarse de forma descontrolada mientras llevan a cabo razonamientos o cálculos complicados, cuando lo que habrían de hacer, en realidad, es aminorar el ritmo para no cometer errores. Una cantidad moderada de vino, pues, podría venir bien a ciertas personas. En este sentido, un colega me contó una vez que, tras haber tomado codeína por motivos médicos, se entregó con enorme paciencia a un larguísimo y complicado razonamiento matemático como si tuviese todo el tiempo del mundo. En general todo el mundo coincide en que las drogas no vuelven más inteligente a nadie, con lo cual entre los matemáticos no existe el mismo tipo de problema de drogas que se da entre los atletas o algunos artistas. Desde luego que existe un uso hedonista del vino y de otras sustancias (legales o, en ocasiones, ilegales), y, de vez en cuando, un abuso. No obstante, el mayor problema en relación a las drogas y las matemáticas que cabe mencionar es simplemente el doloroso periodo por el que pasaron muchos de mis colegas cuando decidieron dejar de fumar y no lograban concentrarse en su trabajo.

En principio, las naciones civilizadas luchan por establecer la igualdad jurídica entre sus ciudadanos. Sin embargo, el talento natural y el entorno intelectual están repartidos de un modo muy dispar. A unos no se les dan muy bien las ciencias exactas mientras que otros parecen manejarse ante los problemas matemáticos con la facilidad y ligereza de un bailarín en el escenario. Evidentemente, ciertos dones (en concreto, una buena memoria a corto plazo) son muy útiles para la actividad matemática. También podríamos mencionar la capacidad para la concentración o una buena disposición para el pensamiento abstracto, pero se trata de nociones psicológicas un tanto difusas y de limitado interés a la hora de examinar el pensamiento matemático.

Cuando más arriba mencioné la huida de las relaciones amo-esclavo o de las neurosis ajenas, puede que el lector pensara que ya había tenido que enfrentarse a esos problemas muchas veces y que tampoco es para tanto, lo cual probablemente significa que está bien adaptado socialmente: se comunica con facilidad, sus «preferencias sexuales» son aceptables en su comunidad, etcétera. Muchos matemáticos también están bien adaptados socialmente, pero lo interesante es que muchos otros no. ¿A qué se debe? La idea es que si uno es inteligente pero carece de aptitudes comunicativas se interesará por actividades poco exigentes en el plano social. Entre dichas actividades se cuentan las matemáticas, la programación informática, y ciertas formas de creación artística. Como ejemplo podríamos citar al gran Kurt Gödel, una persona obsesionada por su salud y con escaso don de gentes. Cabe suponer que tuviese una riquísima vida interior pero sus relaciones con el mundo exterior parecían estar en gran medida mediadas por su esposa, Adele. Cuando Adele quedó incapacitada a causa de una enfermedad, el genial lógico se vio obligado a enfrentarse solo a sus problemas, en concreto a la obsesión de que la gente quería envenenarlo. La inanición que él mismo se provocó terminó causándole la muerte, que le sobrevino sentado en una silla de un hospital de Princeton, en Nueva Jersey.

Existe un ramillete de afecciones agrupadas bajo el nombre de autismo que provocan severas deficiencias en materia de comunicación, relaciones sociales e imaginación. No se conocen las causas del autismo pero se sabe que ciertos factores genéticos son importantes. Hay quien sostiene que «unos rasgos autistas moderados pueden proporcionar la resolución y determinación que hacen sobresalir a ciertos individuos, sobre todo cuando van acompañados de una inteligencia notable»[3]. De hecho, Newton, Dirac y Einstein serían ejemplos de individuos aquejados del síndrome de Asperger, una forma de autismo. Es una afirmación interesante pero hay que cogerla con pinzas puesto que ninguno de los tres fue objeto de un análisis médico que les diagnosticase la dolencia en cuestión. Sea como fuere, creo que muchos matemáticos (no todos) sí que tienen algo peculiar en común, a saber: una forma un tanto rígida de pensar y comportarse. Conste que baso esta opinión en pruebas anecdóticas, no clínicas. Más concretamente, según mi experiencia, muchos matemáticos dan excesivos detalles a la hora de responder una pregunta intrascendente (sobre las reglas del juego de las damas, por ejemplo, o la genealogía en el Japón feudal), o encuentran dificultades lógicas en una afirmación que a la mayoría de la gente no le causa el menor problema. O en ocasiones te piden que les repitas un chiste para acto seguido preguntarte dónde está la gracia. Insisto en que no todos los matemáticos son así, gracias a Dios. En este mundillo uno se encuentra gran variedad de tipos psicológicos e incluso trastornos mentales, siempre que no afecten a la inteligencia.

Las tendencias paranoicas, obsesivas o maníaco-depresivas no son raras entre los científicos en general, aunque también hay muchos que de tan normales e insípidos resultan deprimentes.

Un rasgo específico de los matemáticos es que, en una determinada situación profesional, tienen que reaccionar de un modo diferente al de la mayoría de la gente. Cuando uno participa en un debate público o lleva a cabo una delicada operación quirúrgica puede verse obligado a tomar decisiones rápidas; unas decisiones son mejores que otras, pero la peor opción es titubear y no hacer nada. En cambio, cuando uno está ocupado en una demostración matemática y de repente no sabe si lo que está haciendo es correcto, debería parar, tomárselo con calma y asegurarse completamente de que el razonamiento no presenta la mínima fisura. Hay un tipo de personalidad que viene de maravilla para ser presentador de un programa de entrevistas en televisión pero que haría fracasar de manera estrepitosa a un matemático. O viceversa: se puede ser un matemático realmente excelso y resultar patético delante de las cámaras.

Acabamos de afirmar que un cierto tipo de personalidad puede ayudar a ser un buen matemático, pero, como es lógico, también habrá que reconocer que la actividad matemática puede afectar a la personalidad. En realidad así lo creo, sencillamente porque la investigación matemática de alto nivel es un trabajo durísimo. El número de casos conocidos de matemáticos de primera fila que han sufrido ataques nerviosos es impresionante. Constance Reid, en su biografía de David Hilbert[4], dedica apenas unos renglones a los varios meses que el insigne matemático pasó internado en un sanatorio como consecuencia de una crisis nerviosa. La biógrafa trae a colación el ataque, anterior y más severo, de Felix Klein y transcribe las siguientes palabras de Courant: «casi todos los grandes científicos que he conocido sufrían graves depresiones»[5]. Podríamos comparar la actividad matemática de gran nivel con la escalada de alta montaña: las dos son hazañas admirables, pero peligrosas. En un caso la mente y en el otro el cuerpo se ven forzados al máximo, y hay un precio que pagar. Aparte de los ataques de nervios, el abuso al que someten a sus cerebros los matemáticos suele traducirse en un carácter distraído y carente del sentido práctico (los poetas tienen una fama parecida). Y puede que otro resultado de la hiperactividad cerebral sea la alopecia, común entre los intelectuales.

Así pues, los investigadores matemáticos se entregan a una labor muy ardua, aunque, en cierta medida, viven en un universo separado y se ahorran algunos de los problemas relacionales típicos de la «vida real». Sin embargo, estos problemas sin resolver pueden aflorar de forma brutal y reclamar plena atención. Sirva como ejemplo la historia del matemático británico Alan Turing[6].

Nacido en 1912, Turing llevó a cabo su contribución científica más famosa en la década de 1930, cuando desarrolló el concepto de un ordenador universal, hoy conocido como la máquina de Turing. El joven matemático hizo una precisa descripción de un autómata finito dotado de memoria infinita y capaz de efectuar cualquier cálculo que otro autómata semejante pudiese efectuar. La idea es que, si tenemos un ordenador digital adecuado, podemos programarlo para que haga cualquier cálculo que cualquier otro ordenador pueda hacer. En la época de Turing no existían los ordenadores programables. Se trataba de una idea nueva que remachaba el concepto de computabilidad y aclaraba los postulados de Gödel. Otro logro de Turing que también tuvo una importancia histórica colosal fue el desciframiento del sistema Enigma —el código secreto utilizado por los submarinos alemanes al comienzo de la Segunda Guerra Mundial— lo que permitió el control del Atlántico por parte de las fuerzas aliadas. Turing también trabajó en el desarrollo de ordenadores electrónicos y contribuyó al debate de si los ordenadores pueden «pensar» (el célebre «test de Turing»[7]). Por último, realizó una aportación fundamental para entender cómo se crean las estructuras espaciales («morfogénesis») en términos de reacciones químicas y de su difusión. En cierto sentido, Turing era uno de tantos personajes «originales» que llevan a cabo peligrosos experimentos químicos en el cuarto de baño (empleaba cianuro de potasio[8]) y persiguen muchas ideas, a cada cual más estrafalaria. La diferencia es que las ideas de Turing tenían éxito. Sus contribuciones a la ciencia y a nuestra comprensión del mundo siguen siendo sobresalientes y hoy en día ya sería imposible desestimarlas y olvidarlas.

El genial matemático era una persona de lo más sencilla tanto en su forma de vestir como de relacionarse con sus colegas. Frank Olver[9] lo recuerda trabajando con un equipo que se dedicaba a efectuar larguísimos cálculos numéricos (con calculadoras de oficina) para poner a prueba un algoritmo, y cuenta que tuvieron que despedir a Turing ¡porque se equivocaba mucho! A simple vista no debía de llamar mucho la atención.

Sin embargo, era homosexual, un hábito que en la Inglaterra de 1952 constituía delito. Y lo descubrieron. Tras declararse culpable de «ultraje contra la moral pública», se le dio la opción de escoger entre la cárcel o un tratamiento médico. El tratamiento, que fue lo que escogió, consistía en la aplicación de inyecciones de hormonas femeninas durante un año. Esta cura de la homosexualidad masculina (según la concepción médica de la época) constituía, en realidad, una castración química en teoría reversible, a diferencia de la castración quirúrgica obligatoria que a la sazón se practicaba en algunas partes de los Estados Unidos[10].

Comoquiera que la opinión pública sobre la homosexualidad ha cambiado, el tratamiento hormonal que se aplicó a Turing hoy nos resulta absurdo y brutal. Así y todo, hay que dejar claro que el Reino Unido en la década de los cincuenta no tenía nada que ver con la Alemania nazi ni con la Unión Soviética. Se trataba de una nación sumamente civilizada donde la homosexualidad masculina tenía su importancia cultural dentro de las clases sociales más elevadas. Turing, por desgracia, adolecía de esa rigidez intelectual tan frecuente entre los matemáticos y en cambio carecía de la hipocresía tan frecuente en las clases sociales más elevadas. El genial matemático sobrellevó la deshonra social y el tratamiento hormonal mejor de lo que cabía esperar, pero un día de junio de 1954 fue encontrado muerto sobre su cama, envenenado con cianuro, con una manzana al lado que mostraba unos cuantos mordiscos. Al parecer Turing había usado la manzana envenenada para suicidarse. Nos gustaría entender por qué tomó semejante decisión, pero no dejó explicación alguna; no respondió las preguntas del lector ni las mías. La manzana fue la respuesta, de lo más categórica, a sus propias preguntas.

La invención
matemática:
psicología y estética

Muchos matemáticos han reflexionado sobre los aspectos psicológicos de la invención matemática. ¿Qué nos enseña la introspección? Henri Poincaré[1] y Jacques Hadamard[2] analizan un sorprendente fenómeno que observaron en sí mismos y en el que también han reparado unos cuantos matemáticos. Tras darle vueltas a un problema durante cierto tiempo (el llamado periodo de preparación) sin lograr resolverlo, decidían abandonarlo. Entonces, al cabo de un día, de una semana o de varios meses (el periodo de incubación), de repente, al despertarse o en el transcurso de una conversación sin importancia, se les ocurría la solución. Esta «iluminación» (como la llama Hadamard) llega de improviso y, a veces, por cauces distintos a los investigados hasta entonces. La iluminación resulta convincente en el acto, aunque más tarde haya que corroborarla a fondo. Esta última fase de verificación (en la que se comprueba la solución y se establece de forma precisa) puede revelar que la iluminación estaba equivocada, con lo cual uno se olvida de ella. A menudo, sin embargo, la solución inspirada por los dioses resulta ser correcta. En lugar de los dioses, ahora se prefiere hablar del «inconsciente», pero puede que al lector, como a mucha otra gente, el inconsciente le deje igual de insatisfecho que los dioses. En consecuencia, procederé con cierta cautela.

La conciencia es un concepto introspectivo. Cuando vamos en bicicleta o conducimos un automóvil, podemos tomar la decisión consciente de girar a la izquierda. Sin embargo, muchas de las cosas que cuando aprendíamos a montar en bicicleta o a conducir exigían un esfuerzo premeditado (como mantener el equilibrio o pisar el pedal del freno) ahora las realizamos de manera automática; es decir, ahora intervienen procesos mentales inconscientes. Así pues, mediante introspección, podemos reconocer procesos mentales conscientes y deducir que también tienen lugar muchos otros que no lo son. Esos muchos otros procesos inconscientes parecen ser de muy diversa naturaleza y probablemente sea un error meterlos a todos en un mismo saco bajo el nombre del «inconsciente». Asimismo, dado que la conciencia es introspectiva, resulta difícil de definir. ¿Cómo sabemos si nuestra esposa, nuestro gato o nuestro ordenador tienen conciencia?

Ahora no tengo intención de enfangarme en los problemas generales de la conciencia, el inconsciente, la naturaleza del pensamiento, la comprensión, el significado, la inmortalidad del alma, etcétera. Son problemas muy interesantes, qué duda cabe, pero su estudio acarrea enormes dificultades metodológicas. Mi postura aquí será la de preguntar qué se puede decir acerca de algunos de estos problemas en un caso especial pero metodológicamente favorable como es el de la actividad matemática.

Voy a dar por hecho que los matemáticos (y probablemente mucha otra gente) tienen, como yo, una noción introspectiva de la conciencia. Al mismo tiempo hemos de tener en cuenta la interesante afirmación, suscrita por algunos matemáticos eminentes, de que una parte importante de su actividad matemática la llevan a cabo inconscientemente. Acabamos de ver que Hadamard, siguiendo a Poincaré, distingue cuatro momentos dentro de la actividad matemática: una fase consciente de preparación, una fase inconsciente de elaboración o incubación, una iluminación que retrotrae al pensamiento consciente y una fase consciente de verificación. Se considera que la fase de incubación es de naturaleza combinatoria, esto es, se van agrupando ideas de diversas formas hasta escoger la combinación adecuada, una elección que, según se afirma, tiene un fundamento estético. De acuerdo con Hadamard, todo razonamiento matemático consta de varias partes, cada una de las cuales presenta esa estructura cuádruple de preparación, incubación, iluminación y verificación. La verificación de una parte lleva a la formulación precisa de un resultado intermedio que puede usarse a continuación como base para la fase de preparación de la siguiente parte del argumento.

Según numerosos testimonios, el pensamiento matemático no se basa necesariamente en el lenguaje, sino que emplea conceptos que pueden ser no verbales y asociados a elementos visuales, auditivos o musculares. El propio Hadamard cuenta que él mismo piensa en términos no verbales y que luego le cuesta Dios y ayuda traducir su pensamiento a palabras. Einstein, en una carta dirigida a Hadamard, explica que su pensamiento científico es de tipo combinatorio y no verbal. En cuanto a la conciencia, añade: «Me parece que lo que llamas conciencia plena es un caso extremo que nunca puede alcanzarse por completo. Se me antoja relacionado con lo que se conoce como la estrechez de conciencia (*Enge des Bewusstseins*)»[3].

¿En qué situación nos deja todo esto? ¿Puede añadirse algo a lo dicho por maestros tan ilustres como Poincaré, Hadamard o Einstein? En mi opinión, no sólo se puede sino que se debe. Primero, porque ninguno de esos grandes científicos defendían la filosofía del *magister dixit* (esto es, «lo ha dicho el maestro» y se acabó la discusión), y segundo, porque el panorama intelectual ha cambiado desde que Hadamard escribió su maravilloso librito. Una observación que he hecho anteriormente tiene que ver con lo que hemos aprendido acerca de la memoria a corto y largo plazo, a saber: que una parte del periodo de incubación probablemente consista en trasladar a la memoria a largo plazo el trabajo del periodo de preparación. Esto explicaría por qué después de darle unas cuantas vueltas a un problema (lo que Hadamard llamaba preparación) suele ser bueno dejarlo reposar un rato.

Un cambio importante en nuestro panorama intelectual vino dado por la aparición de los potentes ordenadores digitales. Lo que ahora nos interesa es comparar el rendimiento de la mente humana con el de los ordenadores y la pregunta, naturalmente, es cómo podríamos programar un ordenador para que emulase la actividad de nuestra mente. Desde este punto de vista hemos apreciado que los ordenadores llevan a cabo largos cálculos numéricos con suma facilidad y sin cometer errores, pero las traducciones de un idioma a otro les resultan difíciles. En efecto, una lengua no consiste simplemente en un diccionario y unas cuantas normas gramaticales, sino que también posee numerosas reglas ocultas y un amplísimo repertorio de referencias que los hablantes empleamos para producir un mensaje idiomático flexible y razonablemente inequívoco. El hecho de que sea tan difícil programar las reglas del lenguaje en un ordenador pero que sean (al menos en parte) necesarias para desarrollar la actividad matemática probablemente sea significativo.

Cuando un matemático finalmente consigue entender un problema puede decir que, a fin de cuentas, era muy fácil, pero suele tratarse de una impresión errónea. En realidad, tan pronto como nuestro matemático se pone a escribir, la complejidad del asunto comienza a revelarse y puede terminar resultando imponente. A menudo, un sencillo razonamiento matemático, tan simple como una oración gramatical, sólo tiene sentido dentro de un enorme contexto.

Volviendo al tema de los ordenadores, me gusta acariciar la idea de que pudieran programarse para inventar nuevas realidades matemáticas. Esta posibilidad suscita una pregunta obvia: ¿cómo nos programamos a nosotros mismos para hacer matemáticas? De acuerdo con la jerga profesional, cuando digo «hacer matemáticas» me refiero a un proceso activo y constructivo. Imaginar las propiedades de un objeto matemático y tratar de demostrarlas es «hacer matemáticas». El objeto matemático puede ser, por ejemplo, una clase de sistemas dinámicos, o un teorema sobre dichos sistemas, o un artículo escrito sobre el asunto en sí. La lectura de un artículo matemático puede ser «hacer matemáticas» o puede no serlo, dependiendo de si se corresponde o no con la construcción de algo en la mente del lector. «Hacer matemáticas», pues, consiste en trabajar en la construcción de algún objeto matemático y se asemeja a otras tareas creativas de la mente en un dominio científico o artístico. Ahora bien, por más que el ejercicio mental de creación matemática guarde un cierto parecido con el de la creación artística, debería quedar claro que los objetos matemáticos son muy diferentes de los objetos artísticos producidos en el ámbito de la literatura, la música o las artes visuales.

La idea de que la creación artística y el componente creativo de la labor matemática están de algún modo relacionados nos lleva de vuelta al enunciado de Hadamard de que las buenas ideas matemáticas se seleccionan por motivos estéticos. De hecho, Einstein dijo algo parecido a propósito de su actividad en el campo de la física matemática. ¿Hemos de creer, entonces, que los buenos matemáticos poseen un talento estético en otros ámbitos tales como la literatura, la pintura o la música? La respuesta es que no. Muchos científicos ponen a prueba sus dotes literarias escribiendo su autobiografía, otros pintan o tocan algún instrumento. Los resultados no suelen ser malos pero rara vez son excelentes. Y son muchos los casos en que científicos eminentes alcanzan resultados artísticos realmente mediocres[4].

La capacidad estética para las matemáticas es, por tanto, distinta de la aptitud artística. ¿Es posible analizar la capacidad estética? ¿No estaremos acercándonos a los dominios de lo incognoscible? A decir verdad, opino que la capacidad estética para las matemáticas es más fácil de analizar que la aptitud artística, pero antes voy a señalar un cambio que se ha producido en el panorama intelectual desde la época de Poincaré, Hadamard y Einstein, y es que ahora somos mucho más conscientes de que el arte depende de la tradición cultural y de que ésta es muy variada.

El gusto por Bach o Beethoven, como el gusto por el buen vino o las buenas matemáticas, es algo adquirido. Esto no significa que haya que ser músico profesional para sentir que Bach y Beethoven dominaban el arte de crear composiciones de un tamaño y complejidad impresionantes. Pero esa sensación se debe a que estamos familiarizados con una tradición musical determinada. Cuando escuchamos una música desconocida, nos podrá gustar o no, pero no sabemos si es alegre o triste, buena o mediocre. La tradición, por supuesto, no es inmutable; tanto Bach como Beethoven cambiaron el rumbo de la tradición musical occidental.

Mucho de lo que acabo de decir sobre la música (o el arte) también puede decirse de las matemáticas (o la ciencia): es posible distinguir diferentes culturas matemáticas dependiendo del tiempo y el lugar, así como subculturas correspondientes a diferentes escuelas, enfoques y áreas de las ciencias exactas. Uno puede distinguir la tradición rusa y la tradición francesa, o los estilos algebraico y geométrico de hacer matemáticas. Dentro de una cultura o subcultura ciertos conceptos (como el de la estructura de grupo) y ciertos hechos (como el teorema de función implícita[5]) son sobradamente conocidos. Ahora bien, ¿dónde queda la estética? ¿Dónde el buen y el mal gusto? Dado que no puedo ofrecer las definiciones y detalles pertinentes, quizá el ejemplo que voy a esbozar a continuación resulte un poco confuso para el lector no matemático. El lector versado en la disciplina, en cambio, entenderá enseguida lo que quiero decir y podrá construirse sus propios y detallados ejemplos.

Supongamos que queremos escribir un artículo matemático y que a partir de un objeto matemático a vamos a construir un objeto b. Puede que en nuestro problema aparezca de forma natural un grupo G tal que b sea el inverso a^{-1} de a en G, y que este hecho sea de gran ayuda en la construcción de $b = a^{-1}$. No reparar en que tenemos al grupo G, por así decirlo, delante de las narices sería un ejemplo de mal gusto. Un ejemplo de buen gusto sería demostrar algún teorema difícil mediante una ingeniosa aplicación del teorema de función implícita en un espacio de Banach. El teorema de función implícita es fundamental y muy conocido pero tendríamos que aguzar el ingenio a la hora de escoger el espacio de Banach y la función a la cual queremos aplicar el teorema. Si tenemos éxito podríamos llegar a obtener una breve demostración de un resultado por lo demás difícil[6].

El buen gusto matemático consiste, por tanto, en hacer un uso inteligente de los conceptos y resultados disponibles en la cultura matemática imperante con el fin de solucionar nuevos problemas. Y la cultura evoluciona porque sus conceptos y resultados clave cambian, lenta o abruptamente, para dejar paso a nuevos modelos.

Si bien es cierto que la estética matemática depende de la cultura, tampoco se trata de una simple moda insustancial. Aunque los enunciados matemáticos breves pueden tener demostraciones larguísimas, recordemos que en la práctica matemática normal siempre se intenta utilizar atajos y abreviaturas para llevar a cabo aplicaciones sencillas de los teoremas sobradamente conocidos dejando a un lado sus arduas demostraciones. Una cultura matemática determinada en un momento determinado remite a teoremas, procedimientos y modos de pensar paradigmáticos que la definen. Por eso un matemático contemporáneo debería conocer el teorema de función implícita y el teorema ergódico, y ser capaz de aplicarlos. Digamos de paso que el teorema ergódico, por ejemplo, no formaba parte del panorama cultural de Henri Poincaré: el físico y matemático francés murió en 1912 y el teorema data de 1932[7].

El medio ambiente intelectual de una cultura matemática determinada alberga los teoremas, terminología e ideas estándar sobre los que existe un consenso y que, al contrario de lo que ocurre con una moda arbitraria, constituyen una herramienta eficaz para el desarrollo de la actividad matemática. Pero hay que reconocer que los accidentes históricos desempeñan un cierto papel en la elección de esos teoremas y esa terminología estándar, así como en la elección de lo que se considera un objeto de investigación interesante. En este sentido, la moda sí desempeña un papel en las matemáticas.

Y permítaseme insistir en que, tanto en las ciencias exactas como en el arte, el panorama cambia. Hay periodos dorados pero también largas fases de insulsa mediocridad. Algunas innovaciones son callejones sin salida, vías muertas. Unos innovadores deslumbran momentáneamente para apagarse al punto y caer en el olvido. Otros, en cambio, modifican de forma duradera el paisaje intelectual.

El teorema
del círculo
y un laberinto
de dimensiones
infinitas

En mis años mozos me gustaba mucho un estilo de música polaca caracterizada por unas voces femeninas agudísimas. Por desgracia llevo muchos años sin oír esa forma de cantar. Como no sé polaco no entendía las canciones, pero tampoco importaba gran cosa: lo que contaba era la inconfundible estridencia de las voces.

Ahora voy a enfrentar al lector con un fragmento matemático, en realidad, un texto matemático presentado sin excesivo rigor, que he escogido porque los conceptos en cuestión son habituales y cualquier matemático los entenderá fácilmente. En cuanto al lector lego en la materia, a lo largo del siguiente párrafo se encontrará en la misma tesitura en que me hallaba yo con respecto a las canciones en polaco, esto es, capaz de apreciar, si no el significado con todo detalle, sí al menos la melodía y el estilo del canto.

La historia comienza cuando los físicos T. D. Lee y C. N. Yang se toparon con una clase particular P de polinomios

$$P(z) = \sum_{j=0}^{m} a_j z^j$$

mientras estudiaban un problema de mecánica estadística. Los polinomios P en P que los físicos podían analizar tenían todas sus raíces en el círculo unidad complejo $\{z: |z| = 1\}$. Lee y Yang conjeturaron que ese hecho, en general, era verdadero. Si pudiesen encontrar una matriz unitaria U tal que P (z) fuese el polinomio característico de U, esto es, P (z) = det (zI – U), entonces la hipótesis quedaría *demostrada. Es la idea que se le ocurriría a cualquier individuo versado en matemáticas, pero en este caso no sirve de nada. Lee y Yang eran unos matemáticos lo bastante buenos, pero su demostración no es nada fácil. Hoy en día existen demostraciones menos difíciles, gracias, en particular, a la obra de Taro Asano. Para demostrar el teorema circular de Lee-Yang (que formularemos más abajo) se sustituye el polinomio P de grado m en la variable z por un polinomio $Q(z_1,\ldots, z_m)$ en m variables, con una separación de grado 1 en cada variable $z_1,\ldots, z_m$. Lo que nos interesa es la clase Q de tales polinomios para los cuales $Q(z_1,\ldots, z_m) \neq 0$ siempre que $|z_1| < 1, \ldots, |z_m| < 1$. Por tanto, si $P(z) = Q(z_1,\ldots, z)$ y Q está en Q, las raíces ξ de P satisfacen $|\xi| \geq 1$. En el caso que nos interesa, existe una simetría $z \to z^{-1}$, con lo cual $|1/\xi| \geq 1$, y por tanto, $|\xi| = 1$. Es evidente que si $Q(z_1,\ldots, z_m)$ y $\widetilde{Q}(z_{m+1}, \ldots, z_{m+n})$ están en la clase Q, entonces*

$$Q(z_1,\ldots, z_m)\, \widetilde{Q}(z_{m+1}, \ldots, z_{m+n})$$

también está en la clase Q. Describamos a continuación una operación menos evidente, llamada contracción de Asano, que conserva Q. Sea

$$Q(z_1,\ldots, z_m) = Az_j z_k + Bz_j + Cz_k + D,$$

donde A, B, C, D son polinomios en las variables $z_1, \ldots, z_m$ excepto z_j y z_k. Entonces, mediante la contracción de Asano, sustituimos esas dos variables z_j y z_k por una única variable z_{jk} de tal modo que

$$Az_j z_k + Bz_j + Cz_k + D \to Az_{jk} + D.$$

Habiendo empezado con un polinomio Q en m variables terminamos con un polinomio en m − 1 variables que también estará en Q si Q estaba en Q. (Es un ejercicio fácil: la raíz de $Az_{jk} + D$ es menos el producto de las dos raíces de $Az^2 + [B + C] + D$.) Podemos verificar que los polinomios en dos variables de la forma

$$z_j z_k + a_{jk}(z_j + z_k) + 1$$

están en Q si a_{jk} es real y $-1 \leq a_{jk} \leq 1$. (Igualar el polinomio a cero da como resultado una aplicación $z_j \to z_k$, que es una involución que *desplaza el interior del círculo unidad al exterior.) Tomando un producto de polinomios según lo indicado arriba, efectuando contracciones de Asano e igualando todas las variables a z, obtenemos el teorema del círculo de Lee-Yang, que dice así: Para un $a_{jk} = a_{kj}$, $-1 \leq a_{jk} \leq 1$ reales, el polinomio*

$$P(z) = \sum_{X \subset \{1, \ldots, m\}} z^{|X|} \prod_{j \in X} \prod_{k \notin X} a_{jk}$$

tiene todas sus raíces en el círculo unidad.[1]

La presentación que acabamos de ver no es muy difícil pero para un matemático profesional seguramente suponga un alivio: después de tanto hablar de matemáticas, por fin algo de matemáticas. Si me he limitado a esbozar los detalles de la prueba ha sido porque doy por hecho que el lector posee los suficientes conocimientos técnicos como para completarla por su cuenta (en caso contrario, bastará con que apostille «por supuesto»). Entre esos conocimientos técnicos (o tradición cultural) que le presupongo al lector figura, en particular, un teorema sobre el polinomio característico de una matriz unitaria (mencionado pero no necesario) y el teorema fundamental del álgebra[2] (necesario pero no mencionado). Estamos lejos de una deducción formal basada en los axiomas del ZFC. Con todo, sería fácil (para un matemático profesional) ofrecer una presentación mucho más formal. Y la idea es que cualquier detalle de esa presentación más formal podría, en principio, expandirse para dar lugar a un texto completamente formal. Por tanto, en teoría, el enunciado y demostración del teorema del círculo de Lee-Yang bosquejados más arriba podrían expresarse por escrito en forma de texto completamente formal susceptible de verificarse mecánicamente. Tengo la convicción de que tales textos terminarán escribiéndolos y verificándolos los ordenadores. Me parece que sería la única manera de combatir los errores en las demostraciones, que se están convirtiendo en un problema desalentador para el futuro de las matemáticas. Pero dejemos este asunto para un capítulo posterior.

Una demostración totalmente formal del teorema del círculo de Lee-Yang, además de larguísima, sería bastante ilegible e imposible de verificar por un matemático humano. Podría decirse que las matemáticas humanas son una especie de danza alrededor de uno de esos textos formales: sostenemos de manera convincente que podría escribirse, pero no lo escribimos. ¿Cuál es, entonces, la categoría del texto que he presentado más arriba? Es un objeto matemático que sirve para convencer rápida y eficazmente a un lector humano de que cierta deducción es correcta (esto es, que se puede formalizar); más que con enunciados formales tiene que ver con ideas.

¿Qué es una idea? O dicho más específicamente, ¿qué es una idea matemática? A fuer de pragmático más que de profundo, diría que una idea es un enunciado breve expresado en lenguaje matemático humano que puede utilizarse en una demostración matemática humana. (El enunciado puede ser una hipótesis o un comentario.) Como ejemplo, voy a identificar las ideas principales de la explicación matemática que acabo de ofrecer sobre Lee-Yang. A mi modo de ver son tres. La primera es la conjetura de un teorema (los polinomios de una determinada forma tienen sus ceros en el círculo unidad). La segunda es la sustitución de un enunciado sobre el polinomio $P(z)$ por un enunciado sobre el polinomio $Q(z_1, \ldots, z_n)$. Estas dos primeras ideas se las debemos a Lee y Yang. La tercera es la de la contracción de Asano (obra del matemático japonés del mismo nombre). Ninguna de las tres ideas tiene nada de obvio. (La segunda, de hecho, sustituye el recurso obvio de expresar $P(z)$ en forma de polinomio característico.) Y pueden expresarse de manera sucinta. A decir verdad, al cabo de unos pocos minutos de explicaciones, un matemático profesional puede empezar a formular una demostración del teorema del círculo de Lee-Yang. En cambio, adivinar el teorema o encontrar una demostración partiendo de cero es una labor ímproba. He señalado tres ideas principales. Un matemático profesional podrá intercalar automáticamente más ideas secundarias.

Antes de retomar la cuestión de cómo un teorema puede tener una demostración sencilla pero difícil de encontrar quiero preguntar cómo es posible que el teorema de Lee-Yang tenga una demostración sencilla. Ya hemos visto, siguiendo a Gödel, que ciertos teoremas cuya formulación es breve pueden tener una demostración muy larga. Por tanto, no nos asombra que el teorema de Lee-Yang sea difícil de demostrar, pero sí nos preguntamos cómo es que se le ha encontrado una demostración simple. El motivo es que tenemos a nuestra disposición una serie de resultados con demostraciones largas que no tenemos que volver a demostrar. (Un ejemplo es el teorema fundamental del álgebra que hemos mencionado anteriormente.) El contexto cultural de las matemáticas actuales contiene herramientas técnicas que nos permiten manejar con eficacia una gran variedad de problemas. (Nuestro instrumental técnico es el resultado de la selección de herramientas eficaces llevada a cabo por nuestra evolución cultural.) Así pues, una demostración sencilla del teorema de Lee-Yang no es una demostración sucinta derivada de los axiomas del ZFC, sino una demostración sucinta derivada de herramientas algebraicas estándar (en este caso «elementales»).

El juego de herramientas a disposición de un matemático puede compararse con la red de autopistas a disposición de un viajero en el sentido de que ambos proporcionan los medios para ir eficazmente de A a B. Hay, sin embargo, una importante diferencia: la elección de un itinerario eficaz utilizando las autopistas suele ser tarea fácil, pero no cabe decir lo mismo de la elección de un itinerario matemático eficaz para la demostración de un teorema. Permítaseme extender brevemente la analogía entre la red de autopistas y el instrumental matemático. La primera refleja la geografía de un país, algo que ya conocemos por otros medios, con lo cual la construcción de otra carretera no modificará significativamente nuestro conocimiento geográfico. El segundo refleja la estructura interna de las matemáticas y constituye básicamente cuanto conocemos de la misma, de modo que la construcción de una nueva teoría bien puede alterar nuestra concepción de las relaciones estructurales entre las diversas partes de las matemáticas.

Volvamos ahora a la pregunta de por qué puede resultar difícil dar con la demostración de un teorema aun cuando, en última instancia, ésta resulte ser relativamente sencilla. En resumidas cuentas todo se reduce al hecho de que, si bien descubrir algo puede ser difícil, la verificación de ese descubrimiento puede ser fácil. Por ejemplo, descubrir la contraseña del ordenador del jefe puede ser difícil, pero una vez descubierta resulta muy fácil usarla.

Hablando de contraseñas, permítaseme un breve inciso. Supongamos que la contraseña de nuestro jefe es de longitud 7 (es decir, consiste en una secuencia de 7 caracteres) y que hay 62 opciones por carácter: $a, ..., z, A, ..., Z, 0, ..., 9$. El número de contraseñas posibles, por tanto, es $62 \times ... \times 62 = 62^7$. La cifra tiene como exponente 7; es decir, crece exponencialmente rápido con el tamaño de la contraseña (en este caso hemos supuesto que el tamaño, o longitud, es 7). En lugar de buscar una contraseña, busquemos una intersección en una ciudad estadounidense (donde las calles son perpendiculares a las avenidas). Si consideramos un cuadrilátero de lado 7 (siete calles y siete avenidas) sólo habrá $7 \times 7 = 7^2$ intersecciones. El número de intersecciones crece como el cuadrado del tamaño de la zona en la que buscamos, un crecimiento mucho más lento que el crecimiento exponencial registrado en el caso de la contraseña. El motivo es que nuestra búsqueda de intersecciones es bidimensional. Una búsqueda de ventanas sería tridimensional. (Pongamos que en cada edificio hay 40 ventanas por piso. En ese caso, en una zona de 15×15 edificios de 15 pisos, habría 40×15^3 ventanas.) La búsqueda de una aguja en un pajar también es tridimensional. La búsqueda de un portal en una calle (por ejemplo, el 10 de Downing Street) es unidimensional. ¿Cuál es la dimensionalidad de la búsqueda de contraseñas? Es mayor de 1, 2, 3, ..., y podríamos decir que es infinita.

Es hora de volver a la tarea de un matemático humano. Se trata de una aproximación a la tarea de escribir un texto matemático formalizado por completo, aunque no es una aproximación muy ajustada. Un matemático humano trabaja con «ideas», algo de lo que ya hemos dado algunos ejemplos más arriba. Una secuencia adecuada de ideas proporcionará la demostración de un teorema interesante. Se trata de la tarea combinatoria descrita por Poincaré y Hadamard: ir agrupando ideas hasta dar con la combinación correcta. ¿Cómo de difícil es esta labor? No se trata de una búsqueda en una, dos, ni tres dimensiones. Es más parecido a adivinar una contraseña, una búsqueda de dimensiones infinitas. Sin embargo, existe una diferencia: las ideas matemáticas no se pueden juntar arbitrariamente como los caracteres de una contraseña, sino que deben cuadrar entre sí. (Un ejemplo es el uso del teorema de Pitágoras, una excelente idea matemática que, sin embargo, sólo sirve en una situación geométrica concreta, con un triángulo dotado de un ángulo recto. Si no se da dicha situación no podremos usar la idea. A menos, claro está, que introduzcamos la geometría y el triángulo en el problema, sólo que esta estrategia exigirá nuevas ideas.) Articular una secuencia de ideas matemáticas es como dar un paseo por un espacio de dimensiones infinitas, saltando de una idea a la siguiente. Y la necesidad de que las ideas cuadren significa que cada etapa del paseo nos plantea una nueva variedad de posibilidades entre las que elegir. Estamos en un laberinto, un laberinto de dimensiones infinitas.

Acabo de describir las matemáticas humanas como un laberinto de ideas por el que deambulan los matemáticos en busca de la demostración de un teorema. Las ideas son humanas y pertenecen a una cultura matemática humana pero también se ven enormemente constreñidas por la estructura lógica del tema en cuestión. El laberinto infinito de las matemáticas presenta, pues, el carácter doble de la construcción humana y la necesidad lógica, una dualidad que confiere al laberinto una extraña belleza y que no sólo refleja la estructura interna de las ciencias exactas sino que, de hecho, constituye lo único que sabemos de dicha estructura. Pero sólo se llega a apreciar la belleza del laberinto después de una larga búsqueda por sus sinuosas galerías; sólo mediante arduas sesiones de estudio podremos saborear plenamente el poderoso pero sutil atractivo estético de las teorías matemáticas.

18

¡Error!

El paisaje de las matemáticas presenta una dimensión histórica. Por un lado se demuestran nuevos teoremas y se idean mejores herramientas para tratar toda clase de problemas, pero, al mismo tiempo, los problemas que siguen sin resolverse se hacen cada vez más difíciles. Un día tuve la oportunidad de hablar de este mundo en constante transformación con Siing-shen Chern[1], una de las eminencias de la geometría del siglo XX, y me contó que cuando en los comienzos de su carrera matemática leyó el trabajo de Heinz Hopf sobre las fibraciones de esferas[2] supo que había llegado al límite de las matemáticas de entonces y que a partir de ahí podía empezar a desarrollar su propia obra. Hoy en día las ideas de Hopf siguen siendo maravillosas pero son relativamente fáciles de estudiar. En estos primeros años del siglo XXI cuesta mucho más trabajo alcanzar los límites de las matemáticas. No olvidemos, por ejemplo, que si uno quiere dedicarse a la geometría algebraica y a la aritmética deberá, entre otras cosas, dominar las ideas de Grothendieck.

Las matemáticas no siempre se tornan más complicadas con el paso del tiempo. A veces una innovación técnica abre la puerta a cuestiones hasta entonces inaccesibles. O problemas que no habían llamado la atención se convierten de repente en el centro de una nueva y flamante rama de las matemáticas que da lugar a importantes resultados relativamente fáciles de obtener. Por ejemplo, la aparición de ordenadores rápidos fomentó el estudio de los algoritmos y propició desarrollos conceptuales fundamentales como la noción de la completitud NP y la sorprendente demostración de que la primalidad puede determinarse en tiempo polinómico[3].

En general, sin embargo, hemos de reconocer que las ciencias exactas se vuelven cada vez más difíciles con el paso del tiempo. Este hecho provoca cambios en la práctica investigadora. Recuerdo haber oído, en los años sesenta, críticas contra un matemático que usaba resultados obtenidos por otros colegas sin verificarlos personalmente. Debido a la inflación de publicaciones, esa verificación de resultados ajenos resulta cada vez más imposible. En los años setenta oí decir a Pierre Deligne que las únicas matemáticas que le interesaban eran aquellas que pudiese entender personalmente hasta el mínimo detalle. Esta exigencia excluía, según sus propias palabras, toda demostración realizada con ordenadores y aquellas que fuesen tan sumamente largas que resultaban imposibles de manipular por una sola persona. En la actualidad, sin embargo, las demostraciones realizadas con ayuda informática y las extremadamente largas se han convertido en el pan nuestro de cada día de las matemáticas contemporáneas.

A lo peor es que estamos asistiendo a un declive de los «valores morales» de las ciencias exactas; así lo denunció Grothendieck con todas las letras. Al mismo tiempo, sin embargo, estamos siendo testigos de extraordinarios logros en materia de solución de viejos problemas (el último teorema de Fermat, la conjetura de Poincaré[4], etcétera) y debemos reconocer que, en cierto sentido, las matemáticas contemporáneas gozan de extraordinaria salud. Sencillamente, lo único que se observa es que la naturaleza de las matemáticas humanas está cambiando, y cada persona se adapta al cambio de una manera. Un ejemplo que ha suscitado cierta polémica es el del trabajo de William Thurston sobre variedades tridimensionales. Un problema natural de geometría es clasificar variedades por tipos (es decir, agruparlas en listas). La clasificación de variedades bidimensionales no ofrece mayores problemas pero el estudio de las variedades tridimensionales es mucho más difícil. Tras dedicarle un considerable esfuerzo al asunto, Thurston alcanzó un nivel de comprensión bastante bueno y lo describió en líneas generales, esbozando demostraciones a grandes rasgos. El programa de Thurston pretendía, pues, abarcar una amplia parcela de las matemáticas pero sin ofrecer demostraciones que sus colegas pudieran verificar, con lo cual, efectivamente, se lo puso difícil a los demás matemáticos que quisieran trabajar en ese terreno: nadie va a obtener mucho reconocimiento por demostrar un teorema que ya ha sido anunciado, pero al mismo tiempo tampoco se puede usar dicho teorema porque su demostración aún no existe como tal. En un artículo muy comentado que mencionaba, entre otros, a Thurston, Arthur Jaffe y Frank Quinn[5] se quejaron de esta evolución que estaban experimentando las ciencias exactas. Al final, el programa de Thurston se ha materializado en gran medida, pero el problema denunciado por Jaffe y Quinn sigue aquejando a buena parte de las matemáticas.

Ha llegado el momento de echar un vistazo al uso de los ordenadores en el campo de las matemáticas. Siempre que se habla de ordenadores uno piensa en enormes cálculos numéricos; ahora bien, ¿son útiles dichos cálculos cuando se trata de matemáticas puras? A veces sí. De hecho, Riemann llevó a cabo largos cálculos a mano para poner a prueba ciertas ideas y seguramente le habría gustado disponer de un ordenador de alta velocidad. Los ordenadores también han sido de gran ayuda a la hora de visualizar objetos que aparecen en la teoría de sistemas dinámicos[6]. No cabe duda, por tanto, de que los ordenadores pueden ser útiles en la fase heurística de los problemas matemáticos por cuanto sirven para confirmar la verosimilitud de algunas hipótesis y para invalidar otras. La mayor parte de los matemáticos no se opone a esta función heurística de los ordenadores. Ahora bien, su uso habitual sólo proporciona resultados numéricos aproximados; ¿cómo pueden emplearse para obtener demostraciones rigurosas?

Los ordenadores son máquinas realmente versátiles. Permítaseme mencionar algunas de las tareas que pueden llevar a cabo con exactitud, propiedad ésta que puede ser muy útil a la hora de demostrar teoremas. La más obvia es el cálculo exacto con números enteros, pero los ordenadores también pueden programarse para efectuar operaciones lógicas, como, por ejemplo, verificar una gran cantidad de situaciones y responder en cada caso con un sí o no a una determinada pregunta. Esta capacidad combinatoria de los ordenadores se puso a prueba en la demostración del teorema de los cuatro colores[7]. Los ordenadores también pueden manejar con exactitud números reales como π o $\sqrt{2}$ usando la llamada aritmética de intervalos. La idea es que, si sabemos que π está en el intervalo

(3,14159, 3,14160) y $\sqrt{2}$ está en el intervalo (1,41421, 1,41422), también sabemos sin error alguno que $\pi + \sqrt{2}$ está en el intervalo (4,55580, 4,55582). La aritmética de intervalos permite realizar, con una precisión estrictamente controlada, toda clase de cálculos con números reales. Voy a esbozar un ejemplo de cómo pueden usarse dichos cálculos para demostrar un teorema. Supongamos que sabemos que dos curvas (explícitamente especificadas) A_0 y B_0 se cortan en un punto conocido X_0 del plano, y queremos demostrar que las curvas (explícitamente especificadas) A y B se cortan en un punto X cercano a X_0.

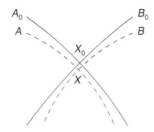

Se sabe que esa situación es cierta bajo determinadas condiciones (transversalidad de la intersección de A_0 y B_0, cercanía en cierto sentido de A a A_0 y de B a B_0) que pueden verificarse numéricamente. Sería más práctico realizar esa verificación numérica con ayuda de un ordenador. Voy a describir a grandes rasgos la demostración, realizada con ayuda de un ordenador, de que, dadas las condiciones apropiadas, dos curvas A y B se intersecan en un punto X, dando un valor aproximado de la distancia entre X y un punto conocido X_0.

Da la casualidad de que algunos teoremas de verdadero interés matemático presentan la forma que acabamos de describir sólo que, en lugar de las curvas A y B, con variedades en algún espacio de dimensiones infinitas. Mi colega Oscar Lanford anunció en cierta ocasión un teorema de ese tipo[8]. Ahora no vamos a entrar a analizar los contenidos de dicho teorema, que no nos interesan, sino algunos aspectos técnicos de cómo lo demostró Lanford. La demostración está hecha con ayuda de un ordenador, lo que significa que consiste en algunos preliminares matemáticos y, a continuación, un programa informático. Este programa (o código) usa la aritmética de intervalos para verificar varias desigualdades; si resultan ser correctas, el teorema queda demostrado. Las complicaciones del problema obligaron a Lanford a escribir un programa relativamente largo, de unas 200 páginas. Cada página consiste en dos columnas; en una va el código (una variante del lenguaje de programación C) y en la otra, las explicaciones de lo que se está haciendo. En efecto, un código largo sin explicaciones resulta incomprensible incluso para quien lo escribió. En este caso, además, dado que es una demostración matemática, tienen que ser capaces de entenderla otras personas. Oscar Lanford es un hombre muy meticuloso y se esmeró muchísimo en garantizar que, cuando se introduce el código en el ordenador, éste haga exactamente lo que tiene que hacer. De esta forma, una vez que el ordenador «está de acuerdo» con las desigualdades del código, la demostración del teorema queda completa.

Sin embargo, Lanford añadió ciertos comentarios que pueden resultar desalentadores. «Estoy seguro», dijo, «de que el código que escribí tiene algunos errores. Pero también estoy seguro de que pueden corregirse y de que el resultado es correcto». Lo que esas palabras significan es que en un texto de 200 páginas debe de haber algunas equivocaciones. En este caso concreto podría ocurrir, ni más ni menos, que alguna desigualdad que debía demostrarse en realidad no quedó demostrada. Lanford, sin embargo, está convencido de que posee un conocimiento lo bastante detallado del problema en cuestión y que podría encontrar y demostrar una desigualdad similar que bastaría para establecer su teorema.

Llegados a este punto conviene recordar que las demostraciones realizadas con auxilio de un ordenador no son matemáticas completamente formalizadas (esto es, matemáticas que, en principio, ofrezcan absoluta confianza). Las demostraciones con ayuda informática forman parte de las matemáticas humanas, pero el problema de evitar errores cuando se utiliza un ordenador es diferente del que se plantea en las matemáticas «normales» hechas con lápiz y papel. Por mucho que se pueden detectar y eliminar algunos de los errores presentes en un programa informático, siempre faltará la intuición que los buenos matemáticos profesionales han desarrollado a la hora de lidiar con las demostraciones manuscritas.

A medida que las demostraciones se hacen cada vez más largas el problema de los errores se vuelve cada vez más grave, independientemente de si se usan ordenadores o no. Además de los errores debemos mencionar aquí las lagunas, esto es, los elementos de una demostración que se supone deberían ser fáciles de apreciar pero no lo son. Dicho sin rodeos, la probabilidad de que una demostración no tenga errores desciende de forma exponencial (o peor) en relación a su longitud. ¡Y un solo error puede acabar con una demostración! Es una suerte que muchos errores, como escribir mal un nombre propio o una fecha en una referencia, no tengan consecuencias matemáticas (por mucho que algunos se indignen). A menudo también es posible corregir errores más graves; más adelante veremos cómo. Ahora vamos a echar otro vistazo al teorema de la clasificación de los grupos finitos simples para captar la gravedad del problema de los errores y las lagunas. La demostración de este teorema ocupa muchos miles de páginas, escritas por muchos autores, y algunas partes están hechas con auxilio informático. El teorema se considera «moralmente» demostrado desde más o menos 1980, aunque quedan por escribirse algunas partes. Esto significa que la demostración presentaba algunas lagunas pero los especialistas no las consideraron graves. Una de estas lagunas, sin embargo, resultó ser lo bastante seria como para hacer necesarias (en 2004[9]) otras 1.200 páginas de demostración. Hay otros campos de las matemáticas que se encuentran en un estado caótico. Por ejemplo, en un comentario sobre el empaquetamiento de esferas, Tom Hales escribió que «la rama está plagada de razonamientos incorrectos y métodos inconclusos»[10].

¿Significa eso que las ciencias exactas han olvidado sus viejos criterios de rigor? ¿Que la verdad matemática ha dejado de ser objeto de conocimiento para convertirse en materia de opinión? Varios autores, en respuesta al artículo de Quinn y Jaffe mencionado más arriba[11], han expresado interesantes opiniones acerca de este problema. En dos palabras, podríamos decir que los buenos matemáticos especializados en una rama determinada saben hasta qué punto es solvente el material publicado. Algunas ramas han sido objeto de repetidas inspecciones a cargo de matemáticos de alto nivel y sus teoremas se han demostrado mediante diversos métodos, por lo que cabe considerarlas sumamente rigurosas. Pero hay que reconocer que muchas de las publicaciones matemáticas son una porquería debido a que la gente se ve obligada a publicar por motivos profesionales, aun cuando apenas les interese su actividad.

En síntesis, no es que se hayan abandonado los viejos ideales de absoluto rigor lógico, pero sí que hay unos cuantos factores en juego que cambian el estilo de ejercer la actividad matemática, toda vez que los teoremas más deseados suelen exigir demostraciones muy largas o realizadas con ordenador. Piénsese, por ejemplo, en que si uno quiere demostrar una propiedad de los grupos finitos simples, puede hacerlo comprobando la propiedad en cuestión en una lista explícita de grupos. Este ejemplo demuestra lo útil que es el teorema de clasificación, un luminoso faro que ha cambiado el paisaje de las matemáticas. Naturalmente, los matemáticos humanos también han experimentado cambios; no es lo mismo ser un matemático hoy en día que hace cien años. Y dentro de otros cien también será diferente. Puede que sea una labor menos satisfactoria que en siglos anteriores, o puede que no. Lo único seguro es que habrá nuevos resultados, teorías más profundas. Y la luz del entendimiento humano iluminará una porción mayor de la cara oculta de la realidad matemática.

La sonrisa
de *Mona Lisa*

A lo largo de una carrera científica uno asiste a muchísimas conferencias de índole técnica. Cualquier persona avezada en estas cuestiones sabe que de vez en cuando uno deja de prestar atención, bien porque no le resulta interesante el asunto, porque carece de los conocimientos exigidos, o porque se le ha escapado algo que el orador dijo al comienzo de su alocución o que debería haber dicho. En ese caso uno se queda allí sentado, medio sesteando o absorto en pensamientos que no guardan la menor relación con el tema de la charla, y de vez en cuando caza al vuelo alguna expresión técnica o frase sin sentido. En una de esas ocasiones vi mi atención captada por la palabra «Matad», que sonaba repetidamente y con un marcado énfasis. En realidad, la palabra formaba parte de la frase «Matad esa matriz antisimétrica». En lenguaje técnico, una matriz es una tabla (a_{ij}) de números. La matriz es antisimétrica si $a_{ij} = -a_{ji}$, y «matar la matriz» puede que significase «encontrar un autovector de autovalor 0», aunque no estoy seguro. Sin embargo, había algo extraño en la forma que tenía el orador de pronunciar la frase «Matad esa matriz antisimétrica». En realidad lo que decía era: «Matad esa matriz antisemítica». A esas alturas yo estaba completamente despierto, por aquel entonces oía perfectamente, y escuché con total atención. Si hubiese hecho caso de las explicaciones matemáticas tampoco las habría entendido, pero de lo que no cabía la menor duda era de que el ponente decía «antisemítica», no «antisimétrica». La frase que repetía una y otra vez era: «Matad esa matriz antisemítica»[1].

Naturalmente, las palabras «matar» y «matriz» pueden tener una acepción matemática, pero en el habla cotidiana poseen otro significado: matar significa quitar la vida y matriz significa útero. En una charla matemática, estos significados profanos se ocultan y reprimen, pero, tal y como muestra la anécdota del párrafo anterior, siguen estando presentes en un nivel subconsciente. Ya hemos hablado anteriormente de las gratas y asépticas manifestaciones del inconsciente que brindaron a Hadamard y a Poincaré soluciones a sus problemas matemáticos. Sin embargo, la frase «Matad esa matriz antisemítica» es una manifestación de otro tipo de inconsciente, un inconsciente rebosante de sexo y elementos desagradables, el inconsciente popularizado por Sigmund Freud. ¿De veras hemos de meternos en estas honduras? ¿Acaso las ideas de Freud pueden aportar algo útil a nuestra discusión sobre las matemáticas? Invito al lector a oír mis argumentos y que luego se forme su propia opinión.

No estoy diciendo que las ideas del padre del psicoanálisis sean la clave para entender la naturaleza del pensamiento matemático. Mi conclusión será que no lo son, y de hecho el propio Freud no afirma nada por el estilo. Ahora bien, ¿no sería estupendo poder entrevistarlo y preguntarle por qué, a su modo de ver, algunas personas se entregan a la actividad matemática? Pues bien, aunque ya hace mucho que el doctor vienés no está entre nosotros, sí podemos echar un vistazo a una de sus obras, *Leonardo da Vinci, un recuerdo de infancia* (1910)[2], un estudio que viene verdaderamente al caso en una discusión sobre los orígenes de la curiosidad científica.

El florentino Leonardo da Vinci (1452-1519) es, como todo el mundo sabe, el pintor de *La Última Cena*, la *Mona Lisa* y algunas otras obras maestras. Los manuscritos que nos dejó dan fe de una insaciable curiosidad científica a la hora de observar la naturaleza y de una inventiva asombrosa en cuestiones mecánicas. Intelectualmente hablando, Leonardo se adelantó varios siglos a su época, con lo cual no es de extrañar que su personalidad atrajese la atención de Freud.

Leonardo era el hijo ilegítimo de Piero da Vinci, un notario florentino, y Catarina, una joven campesina. A los cinco años Leonardo vivía en la casa de su padre, a la sazón casado con Donna Albiera, que no le dio hijos. Más o menos diez años después se colocó de aprendiz en el taller del pintor Andrea del Verrocchio, donde se convirtió en el extraordinario artista que conocemos. Posteriormente comenzó a dedicar cada vez más tiempo a los estudios descritos en sus anotaciones: ciencias naturales, ingeniería y otros temas. Freud señala ciertos rasgos notables de la personalidad de Leonardo, algunos de los cuales requieren explicación. Era un hombre robusto y apuesto al que le gustaba vestir con elegancia y vivir en buena compañía. Probablemente tuviera ciertas tendencias homosexuales pero no una verdadera vida sexual[3]. Tras largos años de parsimonioso trabajo dejaba cuadros sin terminar. Su sed de conocimiento era inmensa y la dedicación a sus cuadernos y anotaciones fue poco a poco reemplazando a su actividad pictórica. Proyectó diversos tratados pero fue incapaz de terminar ninguno. Al parecer era vegetariano, estaba en contra de la guerra y compraba pajarillos en el mercado que después dejaba en libertad. Sin embargo, también asistía a la ejecución de criminales y fue ingeniero militar jefe de César Borgia.

Tal vez deberíamos añadir que la «ciencia» de Leonardo estaba enfocada hacia la descripción visual de la naturaleza y, por tanto, directamente relacionada con su pintura. Además de estudiar perspectiva, diseccionaba cadáveres y observaba el vuelo de las aves. Su modernidad queda de manifiesto en frases como «Apelar a la autoridad en una discusión es usar la memoria, no la inteligencia», o «La naturaleza está llena de múltiples razones a las que nunca se llegó por la vía de la experiencia»[4].

Antes de entrar en el análisis freudiano de Leonardo, permítaseme mencionar que Newton también presentaba algunas de las características susodichas: la misma sed desaforada de conocimiento e intereses diversos (unificados por el deseo de descubrir la naturaleza del universo), así como ciertas tendencias homosexuales combinadas con una aparente castidad[5].

Freud explica la personalidad de Leonardo en términos de «sublimación». Según el vienés, la sublimación es un proceso mediante el cual el impulso sexual sirve de motor para determinadas actividades que aparentemente no guardan relación con la sexualidad, a saber: la actividad artística y la investigación intelectual[6]. A los niños pequeños se les plantea naturalmente el problema ontológico de su propio origen: ¿de dónde vienen los niños? En la época de Freud, la respuesta al uso era la consabida cigüeña, pero un niño inteligente bien podía sospechar que el papel de su madre era más importante que el de la socorrida zancuda y se formularía preguntas que le supondrían un tremendo desafío intelectual: ¿cuál era el verdadero papel de la madre? ¿Por qué los padres mentían al respecto? ¿Cuál era la función del padre, si es que tenía alguna? ¿En qué se diferencian los niños de las niñas? ¿Por qué? Vista así, la curiosidad sexual, impulsada por el instinto sexual, parece ocupar un lugar primordial en la curiosidad infantil. Dado un desarrollo normal, esta curiosidad sería uno de los elementos que, a su debido tiempo, terminaría dando lugar a un comportamiento sexual «normal». (En épocas pretéritas ese «normal» no iría entre comillas.) Sin embargo, una parte de esa curiosidad se «sublima» en objetivos no sexuales que pueden tener un valor social, en concreto la actividad artística o la investigación intelectual. En algunos casos, como el de Leonardo según Freud, el instinto sexual primigenio se convierte íntegramente en propósitos no sexuales.

Aunque en general las ideas de Freud han suscitado bastante oposición, el concepto de sublimación se ha aceptado relativamente bien. Por ejemplo, el *American Heritage Dictionary* describe sucintamente el concepto, aunque sea sin mencionar a Freud. Lo que sí cabría reprocharle al vienés es su excesiva fe en el poder del «método psicoanalítico» en un caso como el de Leonardo, donde no se conocen suficientes datos. Por ejemplo, Freud observa que en ciertas anotaciones hechas por el artista a propósito de un alumno al que por lo visto estaba muy unido o de las muertes de su madre, Catarina, y de su padre, Piero da Vinci, se mencionan cifras (como el coste de las velas) pero no se expresa emoción alguna. Se trata de un comentario perspicaz pero menoscabado por el hecho de que no está claro si la tal Catarina era su madre o una simple criada.

El recuerdo infantil de Leonardo que Freud pretende interpretar está relacionado con el estudio del vuelo de un ave (llamada *nibbio* en italiano). Leonardo explica que estaba destinado a estudiar con tanto detalle el *nibbio* porque lo primero que recordaba de su niñez era que, cuando estaba en la cuna, una de esas aves descendió sobre él y, abriéndole la boca con la cola, le acarició repetidas veces el interior de los labios con las plumas. A un lector cultivado y sin prejuicios, un siglo después de Freud, este «recuerdo» (o fantasía) enseguida le sugiere una interpretación sexual. Según el padre del psicoanálisis, se trata de una fantasía oral-sexual relacionada con el amamantamiento del bebé Leonardo a cargo de su madre. Freud leyó el «recuerdo de infancia» en una traducción al alemán donde, lamentablemente, *nibbio* se había vertido como buitre (*Geier*), cuando lo correcto es milano. El resultado es que saca demasiada punta al hecho de que, en egipcio antiguo, la palabra madre se representaba mediante la figura de un buitre y se pierde en absurdas interpretaciones basadas en esa errónea relación entre *nibbio* y madre.

Freud también interpreta el famoso cuadro *La Virgen, el Niño y Santa Ana* (Anna Metterza) como una representación de Leonardo (de niño) con sus dos madres (Catarina y Albiera). En apoyo de dicha lectura, afirma que la inclusión de la Anna Metterza era una idea pictórica insólita en la época en que Leonardo pintó el cuadro. Por desgracia, como bien señaló el historiador de arte Meyer Schapiro, la observación de Freud es errónea: en la época de Leonardo, el culto de Santa Ana y el tema de Anna Metterza estaban en auge.

¿Cómo reacciona el lector a todo esto? Muchos de mis colegas, que se dedican a «ciencias duras» como las matemáticas o la física, reaccionan de manera desdeñosa ante el psicoanálisis freudiano y otros saberes «blandos» (como la filosofía y la economía). Empiezan formulando un juicio absolutamente devastador (y absolutamente correcto) sobre la forma en que los supuestos expertos han tratado el asunto y a continuación puede que expliquen lo que de veras se debería hacer para resolver, por ejemplo, los problemas de la economía. Llegados a ese punto tropiezan con uno de los múltiples escollos que infestan la disciplina, de sobra conocidos por los especialistas.

Los saberes «blandos» son aquellos que adolecen de dificultades e incertidumbres metodológicas. Es el caso, desde luego, del psicoanálisis freudiano. ¿Es Freud infalible? Rotundamente no. Pero es innegable que dio a conocer muchos conceptos importantes. Sus ideas han ejercido una influencia enorme en la cultura occidental del siglo XX, y esto incluye un ascendiente no reconocido sobre la forma de pensar de gente que no quiere ni oír hablar del padre del psicoanálisis. Algunos conceptos freudianos se han vuelto ineludibles. Uno de ellos es la sublimación, que, efectivamente, nos ayuda a entender mejor la personalidad de Leonardo da Vinci y de Newton. Sin embargo, como reconoce expresamente el propio Freud, el psicoanálisis no explica el secreto de la sonrisa de *Mona Lisa*. Como tampoco explica, creo yo, los secretos del pensamiento matemático.

Si nuestro objeto de interés es el pensamiento matemático, ¿por qué traer a colación a Sigmund Freud? Pues para no olvidarnos de que el cerebro matemático contiene muchos objetos: teoremas, lemas, preocupaciones financieras, y también «Matad esa matriz antisemítica». Todas estas cosas coexisten e interactúan de un modo poco conocido. Afortunadamente, el pensamiento matemático puede deslindarse de todo lo demás, y eso es lo que estamos haciendo en este libro. Esta separación presenta una gran ventaja metodológica y es que permite aislar una parcela susceptible de analizarse con extraordinaria profundidad, mucho mejor que las cuestiones relacionadas con la psicología. Esta posibilidad de analizar en profundidad el pensamiento matemático confiere un considerable interés filosófico al asunto. Así y todo, no hemos de olvidar que en la mente de un profesional de las ciencias exactas, además de hermosas ideas matemáticas, hay muchas cosas oscuras.

20

El bricolaje
y la construcción de
teorías matemáticas

La práctica matemática suele ser una labor individual y solitaria, pero las ciencias exactas en conjunto constituyen un logro colectivo. Todo matemático habita un paisaje intelectual de definiciones, métodos y resultados, y posee más o menos conocimientos acerca del mismo. Gracias a esos conocimientos se crean nuevas realidades matemáticas, invenciones que alteran de un modo más o menos sustancial el panorama de las ciencias exactas. ¿Cómo se lleva a cabo esa creación? ¿Qué estrategias sigue la invención matemática?

Una cosa está clara: nadie trata de obtener sistemáticamente todas las consecuencias válidas de los axiomas del ZFC usando el lenguaje formal y las reglas de deducción aceptadas. Ni trata de conseguir la demostración más corta de un teorema a partir del ZFC y mediante el lenguaje formal. Siempre se trabaja dentro de un contexto, o paisaje, de resultados ya demostrados. En teoría, uno debería ser capaz de traducir lo que hace a lenguaje formal, pero es preferible usar un lenguaje natural humano como el inglés, el francés o el castellano, que son mejores a la hora de transmitir el significado de las ideas matemáticas y de formular los objetivos de nuestra labor. ¡Significado! ¡Objetivos! Qué palabras tan peligrosas. Anteriormente hemos hablado de estructuras matemáticas e ideas matemáticas, conceptos que, pese a no estar contenidos en los axiomas, hemos sido capaces de relacionar con las matemáticas formales. Significado y objetivos, en cambio, ya son otra historia. Pueden resultar importantes al hablar de la estrategia de la invención matemática, pero —al menos en este punto— están totalmente al margen de nuestra disciplina.

Ahora bien, tampoco queremos definir significado y objetivos en general sino únicamente en un contexto específico y razonablemente controlado como es el de la actividad matemática. Voy a dejar el significado para más adelante y me centraré en los objetivos.

Podría decirse que el objetivo de un matemático en activo siempre es el desarrollo de una teoría matemática. En ocasiones se trata de un trabajo guiado: estudiar lo que otros matemáticos han hecho. Otras veces es un trabajo original. En lugar de analizar cuál es el objetivo de un matemático voy a describir lo que realmente hace, esto es, construir una teoría. Una teoría matemática, como ya hemos dicho en un capítulo anterior, es un texto matemático. Más concretamente, es una serie de enunciados conectados por nexos lógicos. También podríamos decir que una teoría es una construcción coherente a base de ideas matemáticas. Puede que uno de los teoremas de dicha construcción se considere más importante que los demás, en cuyo caso se dirá que el objetivo de la labor matemática era demostrar dicho teorema.

El objetivo de la actividad matemática, por tanto, es llevar a cabo una construcción: la construcción de una teoría, esto es, de un conjunto coherente de ideas matemáticas. Lo que se pretende, naturalmente, es que la teoría sea interesante. Una teoría es interesante cuando contiene resultados desconocidos hasta entonces, preferiblemente con una formulación breve y una demostración no trivial (esto es, que partiendo de resultados conocidos, la demostración necesariamente sea o bien larga o no tenga nada de obvio). Para que una teoría sea interesante también es deseable que pueda utilizarse posteriormente para demostrar nuevos resultados. El trabajo matemático interesante se juzga dentro de un determinado contexto. La consideración de interesante en parte viene motivada por la historia y sociología del tema en cuestión. Ahora bien, sería erróneo reducir el interés de una teoría matemática a una cuestión sociológica toda vez que la estructura lógica de la teoría desempeña un papel más esencial. En una rama determinada de las matemáticas suele haber conjeturas que los anteriores estudiosos del tema han dejado sin demostrar y que pueden representar un cauce para llegar a asuntos interesantes. Estoy dando por hecho que el matemático en activo al que nos referimos tiene las ideas claras en cuanto a lo que resulta interesante. (Aunque también hemos de reconocer que, en este sentido, algunos matemáticos tienen mejor gusto que otros.)

Después de un montón de consideraciones preliminares por fin hemos llegado al problema cardinal de las matemáticas creativas: ¿cómo se construye una teoría interesante? En la práctica, la pregunta es más bien: ¿cómo se escribe un artículo de veinte páginas que salga publicado en *Annals of Mathematics* y garantice una plaza permanente en una buena universidad? (El *Annals* es una buena revista, bastante exigente a la hora de aceptar artículos, y en general publica cosas interesantes.) El número de artículos interesantes de veinte páginas que cabe concebir es enorme y el número de artículos de veinte páginas sin el menor interés, erróneos o absurdos, más enorme todavía. La confección de un artículo interesante nos plantea ese problema que en páginas anteriores hemos comparado con la búsqueda a través de un laberinto de dimensiones infinitas.

Olvidémonos de momento de los artículos matemáticos de veinte páginas y echemos un vistazo más general a las secuencias de símbolos (matemáticos o de otro tipo) de una cierta longitud. Supongamos que cada secuencia tiene un cierto «interés» y que queremos plantear preguntas tales como: ¿cuál es, por término medio, el interés de una secuencia? ¿Cómo se hace para encontrar una secuencia de gran interés? ¿En qué consiste una secuencia de máximo interés? Son problemas que se suscitan en física, ingeniería y matemáticas financieras, y que se intentan resolver con la ayuda de un ordenador. Ahora bien, ¿cuál es el procedimiento a seguir? Existen muchos métodos dependiendo del problema concreto en cuestión pero digamos que hay dos ideas básicas que tener en cuenta: elegir al azar y tantear.

Empecemos por las elecciones al azar. El número de secuencias de símbolos a considerar suele ser tan enorme que resulta imposible revisarlas todas una por una. En consecuencia, lo que se hace para evaluar el interés medio de una secuencia no es mirarlas todas sino coger una muestra. Esto significa que se cogen al azar un millar o un millón de secuencias y se calcula su interés medio. Es el fundamento de lo que los físicos llaman el «método Monte Carlo» (en alusión al carácter aleatorio de los juegos del casino de la localidad monegasca). A veces se consigue mejorar a base de muestreos puramente aleatorios, pero convertir este método en práctica regular suele ser un error.

En condiciones normales, la tarea de encontrar una secuencia con el máximo de interés es imposible, pero podemos conformarnos con buscar una secuencia de gran interés: se examina una serie de secuencias escogidas al azar y se elige la mejor. Este método puede mejorarse aprovechando un rasgo característico de muchos problemas, a saber: que las secuencias próximas a una de gran interés tienen un interés superior a la media. Esta particularidad da pie a nuevas estrategias en las que se recorren secuencias de símbolos al azar, avanzando a pequeños pasos y mostrando preferencia por las más interesantes[1].

La idea de llevar a cabo un recorrido aleatorio pero mostrando inclinación por el interés creciente nos lleva al concepto de «bricolaje», según la acepción acuñada por el biólogo francés François Jacob[2] en relación con la evolución biológica. Jacob estudió, entre otras cosas, la evolución de las proteínas, un asunto del que vamos a hablar brevemente. (Quede advertido el lector de que el estudio de la evolución de las proteínas, como tantas otras cuestiones en el campo de la biología, ha experimentado enormes variaciones desde 1977, año en que Jacob publicó su influyente artículo.) Una proteína de tamaño medio está codificada por una secuencia de unos mil símbolos, cada uno de los cuales puede presentar cuatro valores diferentes (las cuatro bases representadas por las letras A, T, G y C). El número de secuencias es astronómico: más de 10^{600}. Una secuencia interesante es aquella que codifica una proteína útil (en una especie determinada). ¿Hay que revisar 10^{600} secuencias para encontrar una interesante? No, lo que se hace es buscar por tanteo entre las ya existentes. Hay muchas secuencias proteínicas cuya historia evolutiva ha dejado un rastro que puede seguirse hasta mil o dos mil millones de años atrás (antes de eso lo que hubo fue una evolución química y sistemas de réplica primitivos que de momento están fuera de nuestro alcance). Se conocen unas cuentas familias proteínicas que poseen una secuencia ancestral común a partir de la cual evolucionaron mediante mutaciones localizadas. Es un ejemplo de la estrategia que hemos descrito más arriba consistente en hacer un recorrido al azar (una mutación cada vez) entre secuencias de símbolos, con una tendencia hacia las secuencias de interés creciente. Las proteínas de una familia determinada presentan la misma forma general y pueden darse en diversas especies, o varias proteínas diferentes de la misma familia pueden darse en la misma especie.

Dos proteínas de la misma familia pueden tener funciones relacionadas o no. Lo que ocurre es que, debido a la duplicación génica, una secuencia que codifica cierta proteína puede adquirir nuevas funciones. La presión evolutiva puede eliminar el gen duplicado porque no sirve para nada, o también puede ocurrir que dicho gen, en virtud de una mutación, «cambie de vida» y pase a codificar una proteína que sirva para otra cosa, lo cual significa que se habrá obtenido una nueva proteína útil a base de retocar una vieja. Este bricolaje en la evolución de las proteínas no se limita a cambios puntuales en secuencias existentes. A veces se unen segmentos de dos genes que codifican proteínas diferentes y pasan a codificar otra proteína nueva. Si el mosaico proteico así obtenido resulta de alguna utilidad, se convertirá en el miembro fundador de una nueva familia y presentará una forma diferente a la de las proteínas progenitoras.

Según François Jacob, la evolución biológica es un proceso de bricolaje general. Este proceso puede generar nuevas proteínas útiles a partir de proteínas ya existentes, o fabricar un ala a partir de una pata, una porción de oído a partir de un trozo de mandíbula, etcétera. El proceso de bricolaje de la evolución biológica podrá calificarse de poco inteligente pero ha cosechado un éxito extraordinario. Ningún inventor humano habría sido capaz de diseñar productos evolutivos tan maravillosos como un mosquito o un cerebro humano. Nótese, sin embargo, que un inventor humano seguramente evitaría algunos productos de la evolución que se antojan estúpidos (como que el paso de nuestros alimentos desde la boca al estómago se cruce con el paso del aire desde la nariz a los pulmones)[3].

Es lógico pensar (y así lo hizo Aharon Kantorovich[4], el promotor de la idea) que el bricolaje no sólo desempeña un papel en la evolución biológica sino también en el descubrimiento científico. Es el caso, en concreto, de la construcción de teorías matemáticas, donde uno de los procedimientos es introducir cambios aleatorios en los conceptos existentes con la esperanza de encontrar algo de interés. O combinar de diversas formas los hechos conocidos hasta obtener un resultado valioso. Se trata de la «conexión de ideas», un fenómeno que puede darse de manera inconsciente y que conocemos gracias a la descripción de Henri Poincaré y Jacques Hadamard.

Ahora bien, ni que decir tiene que la combinación de ideas al azar no lo es todo ni mucho menos. Todo matemático que se dedique a una determinada rama de las matemáticas tiene unas cuantas ideas claras en cuanto a las estructuras fundamentales de su especialidad y, en gran medida, procederá de un modo sistemático basándose en dichas ideas estructurales. Dicho de otro modo, para un matemático en activo las ciencias exactas son una disciplina coherente y dotada de sentido; de lo que se trata es de descubrirlo. El sentido no salta a la vista pero existir, existe. Lo cual nos plantea un problema muy serio: ¿cuál es la acepción matemática de la palabra «sentido»?

La estrategia
de la invención
matemática

Si el lector está de algún modo vinculado a una universidad tal vez haya estado en la biblioteca de la facultad de ciencias exactas. En caso contrario le sugiero que la visite. Lo que se encontrará allí son mesas con alumnos o profesores trabajando, algunos ordenadores, pilas de libros, más pilas de revistas matemáticas antiguas encuadernadas en volúmenes y expositores con los números más recientes de dichas revistas. Le recomiendo que coja uno de los últimos números del *Annals of Mathematics*, *Inventiones Mathematicae* o de cualquiera de las docenas de publicaciones especializadas. Al hojear la revista se encontrará con artículos de diversa extensión sobre diversas cuestiones esotéricas. Todo artículo va encabezado por un título, el nombre y las credenciales del autor y un breve sumario. A continuación va el texto principal, con sus teoremas, demostraciones y demás, y al final del artículo se incluye un listado de referencias a otros artículos obra de varios autores. La revista que el lector tiene en sus manos probablemente contenga artículos más breves con títulos basados en términos latinos como *errata*, *addenda* o *corrigenda*. Estas erratas son obra de autores que han publicado algún artículo en un número anterior y que ahora reconocen alguna equivocación en sus escritos y tratan de corregirla. A veces se trata simplemente de añadir alguna referencia que algún colega les ha sugerido «amablemente», pero lo más habitual es que el atento colega les haya señalado amablemente un error cometido en la demostración. En ocasiones, pues, los autores se ven obligados a admitir que su «teorema principal» sigue sin demostrarse y en su lugar tal vez proponen un resultado más flojo y menos interesante. No obstante, esta honorable derrota no es lo más habitual. En la mayoría de los casos, los autores dan las gracias al colega que tuvo la amabilidad de oponer un contraejemplo a uno de los lemas de su artículo, para acto seguido señalar que el resultado principal de su artículo deriva de un lema más débil sobre cuya corrección no hay lugar a dudas.

¿Cómo puede ocurrir con tanta frecuencia que, tras descubrirse un error en un artículo, aquél pueda corregirse con más o menos facilidad? La respuesta es que una cosa es cómo se presentan los resultados de un artículo y otra muy distinta cómo se obtuvieron. Un artículo es la descripción de una teoría matemática (o de un fragmento de la misma) construida por el autor. La construcción de la teoría conlleva adivinar varias ideas matemáticas y sus relaciones. Las ideas suelen ser problemáticas (algo parece evidente pero habría que verificarlo después, o algo podría ser verdadero —por analogía con un resultado conocido— pero exige indudablemente una demostración). La construcción de una teoría matemática consiste, pues, en descubrir un entramado de ideas para a continuación ponerse a reforzarlo y modificarlo de manera gradual hasta volverlo irrefutable. Sólo entonces podrá decirse que la teoría es tal. De hecho, lo normal es que en el momento de iniciar la construcción de la teoría no haya garantías de que pueda completarse según la concepción original (de lo contrario la teoría carecería de interés). Evidentemente, durante la labor de construcción, los esfuerzos deberían concentrarse en los nexos más dudosos del razonamiento, pues son la causa más probable del fracaso de la teoría y saberlo de antemano representa un ahorro de tiempo. Los pasos más fáciles y seguros se dejan para después y en la redacción definitiva suelen despacharse con una frase desdeñosa del tipo «salta a la vista que...» o «de sobra es sabido que...». Una vez apuntalado el entramado de ideas que constituyen la teoría todavía queda redactar el texto, elegir un orden de presentación, la terminología y el sistema de notación, y confiar en que al ajustar los últimos detalles no nos encontremos con una sorpresa negativa. Las consideraciones secundarias pueden desempeñar un papel trascendental a la hora de escribir la versión definitiva del artículo; conviene relacionar nuestro trabajo con el de otros matemáticos o enunciar algún resultado intermedio generalizando más de lo estrictamente necesario, con el fin de que adquiera interés por sí mismo. Puede darse el caso de que un buen matemático que haya dedicado un tiempo considerable a la labor primaria de elaboración de una teoría se vuelva más despreocupado en la fase secundaria que constituye la redacción definitiva del artículo. Esta actitud despreocupada e informal («quiero terminar este maldito artículo de una vez para que me lo publiquen y olvidarme del tema») es la que da lugar a errores, y lo normal es que dichos errores puedan subsanarse sin perjudicar a los resultados principales del artículo. Podría decirse que nuestro matemático, tras pasarse un montón de tiempo explorando un determinado paisaje matemático, escribe un artículo en el que solamente describe una ruta de dicho paisaje. Y si esa ruta incluye un atajo prohibido, lo más probable es que pueda encontrarse otro sendero.

Hemos quedado en que la construcción de una teoría matemática es la actividad esencial de las ciencias exactas. A continuación voy a esbozar algunos principios estratégicos para acometer dicha construcción. El enfoque adoptado será necesariamente informal; téngase en cuenta que los principios que conocemos no equivalen a un programa informático que podamos introducir en un ordenador.

Un principio básico es el de la planificación. La construcción de una teoría matemática comienza con un plan, una trama de ideas más o menos problemáticas que más adelante tal vez haya que modificar a fondo. Recordará el lector que, en el capítulo 20, al hablar de la evolución de las proteínas mediante mutaciones localizadas, la hemos descrito como un proceso de bricolaje eficaz pero poco inteligente. En cambio, la planificación de la construcción de una teoría matemática puede calificarse de proceso inteligente. Con esto estamos reconociendo una diferencia entre la construcción planificada y el bricolaje, y asignando a dicha diferencia un nombre tomado del habla común. (Podemos usar la palabra «inteligente» sin haber resuelto primero el problema metafísico de definir qué es inteligencia, pero que conste que este uso del término carece de valor explicativo.)

Obviamente, ahora tenemos que explicar cómo se planifica la construcción de una teoría matemática, esto es, cómo se organiza una trama de ideas matemáticas que resulte coherente desde el punto de vista lógico. Empezaré hablando de algunos principios generales —uso de verdades conocidas e ideas estructurales, uso de la analogía— y después haré algunas observaciones sobre la intuición.

El «uso de verdades matemáticas conocidas» comprende la aplicación de teoremas conocidos de un modo que puede resultar fácil y obvio. Por ejemplo, si queremos saber cuáles son los números complejos z tales que $z^2 - 3z + 1 = 0$, el teorema fundamental del álgebra nos dice que son dos, concretamente, según una fórmula bien conocida, $(3 - \sqrt{5})/2$ y $(3 + \sqrt{5})/2$ (ambos reales). Otras veces, la aplicación de los teoremas y fórmulas conocidos puede resultar difícil y tortuosa, y exigir el uso de un ordenador[1]. Determinados problemas (como la simplificación de expresiones algebraicas) requieren una obstinada labor de tanteo que puede llevarse a cabo mediante un programa informático y arrojar resultados no triviales. Permítaseme citar unos comentarios a propósito del paquete de software *Mathematica*:

> La noción de reglas de transformación es muy general. De hecho, podemos considerar todo *Mathematica* un simple sistema para aplicar un conjunto de reglas de transformación a muchos tipos de expresión diferentes.
>
> El principio general por el que se rige *Mathematica* es muy simple. El programa toma cualquier expresión que se le introduzca y obtiene resultados a base de aplicar una serie de reglas de transformación. Cuando ya no sabe qué más reglas de transformación aplicar, se detiene.[2]

El «uso de ideas estructurales» está presente en todas las matemáticas contemporáneas. Por poner un ejemplo sencillo, supongamos que nos encontramos con un conjunto S tal que los elementos $a, b \in S$ llevan asociado un elemento $a\ b \in S$. En ese caso hemos de preguntarnos si la operación es «asociativa» (esto es, si $[a\ b]\ c = a\ [b\ c]$) y si S con esta operación es un *grupo*. Si S no es un grupo, ¿es posible extenderlo de algún modo para que lo sea? (Permítaseme mencionar, sin entrar en detalles, que el afán de introducir una estructura de grupo ha dado pie a una importante área de estudio llamada «teoría K», desarrollada por una serie de matemáticos a partir de una idea original de Grothendieck.) Remontándonos a una discusión anterior, recordemos que las estructuras matemáticas son una invención humana y que, en algunos casos (como en teoría de la medida), los matemáticos no se ponen de acuerdo en cuanto a qué estructura resulta más natural usar. Así y todo, las consideraciones estructurales (incluido el uso de categorías y funtores) constituyen un elemento esencial de varias ramas de las matemáticas contemporáneas y, aunque en otras ramas no parezcan desempeñar un papel tan destacado, lo cierto es que todos los matemáticos suelen tenerlas presentes aun cuando no lo manifiesten de forma explícita. Habrá quien considere el enfoque estructural como un prejuicio ideológico pero no cabe duda de que ha resultado extraordinariamente fructífero, y no es exagerado afirmar que capta una importante parcela de la realidad matemática, ese oscuro objeto de la investigación propia de nuestra disciplina.

La «analogía» es una poderosa herramienta para la actividad matemática, sobre todo durante la fase de planificación de la teoría. Sin embargo, a diferencia de los hechos conocidos y las ideas estructurales, no constituye una referencia fiable. El método analógico consiste en presumir que si una cosa es verdadera en una determinada situación, otra cosa relacionada con aquella también lo será en una situación que juzgamos similar en algún sentido. Por ejemplo, sabiendo que hay un algoritmo (Euclides) para dividir un número entero por otro (con un resto), podemos suponer que cabe hacer algo parecido con polinomios en lugar de números enteros. Esta clase de conjeturas exige amplios conocimientos matemáticos y cierta sensibilidad para saber ver lo que es similar y lo que no. La gran virtud de la analogía es que puede darnos el primer empujón para construir una teoría, pero no hay ninguna garantía de que vaya a llevarnos a buen término. El uso de la analogía no es un proceso completamente lógico, lo cual hace las delicias de algunos matemáticos y saca de quicio a otros. Los segundos tratarán de entender por qué dos teorías son similares, tal vez buscando una teoría más general que las englobe a las dos como casos especiales.

¿Y qué decir de la «intuición matemática»? Siempre que estudiamos un asunto matemático se nos desarrolla una intuición específica para el mismo. Colocamos en la memoria un gran número de datos a los que podemos acceder con facilidad y hasta de manera inconsciente. Dado que una parte del pensamiento matemático es inconsciente y otra parte no verbal, resulta práctico afirmar que procedemos por intuición. Esto significa que los procesos del pensamiento matemático son difíciles de analizar pero no, a mi modo de ver, que la intuición matemática tenga nada de sobrenatural.

La alusión a lo sobrenatural me recuerda un hecho curioso: los matemáticos son más religiosos que la mayoría de los demás científicos. En efecto, el porcentaje de matemáticos que creen en Dios y en la vida ultraterrena es dos veces mayor que el de los físicos[3]. A mi modo de ver, lo que nos dice este dato es que la relación de los matemáticos con la realidad es diferente —en términos estadísticos— de la de los físicos. (Quizá debería aportar mi opinión personal sobre el asunto: soy una persona no religiosa, de un modo más o menos liberal. Me dan tanto miedo los fanáticos religiosos como los fanáticos antirreligiosos.)

Tal vez sea hora de decir algo sobre el sentido en las matemáticas. Hemos visto que la presentación de una teoría matemática en un artículo técnico dista un tanto de lo que el autor tenía en mente en un principio. El motivo es que se ha visto obligado a disfrazar las ideas intuitivas y los conceptos no verbales para expresarlos en jerga profesional. Esto puede llevar a pensar que las verdaderas matemáticas se ocultan detrás de la jerga y las fórmulas impresas en las revistas especializadas, y que su auténtica naturaleza no es formal. De hecho, en las conferencias (que son menos formales que los artículos), los ponentes suelen explicar qué «significa realmente» un teorema. Entonces, ¿por qué no abandonar el artificioso lenguaje formal de las matemáticas impresas y explicar el verdadero significado de lo que uno hace? Lo que en realidad ocurre es que las ciencias exactas, como recordará el lector, son un conocimiento objetivo, no una cuestión opinable. Esto es así porque, desde los griegos, las matemáticas se han cimentado sobre una sólida base de axiomas y reglas de deducción, a partir de la cual se han ido desarrollando teorías. Y a partir de las teorías, una intuición que va más allá de éstas identifica analogías y formula conjeturas. Los nuevos resultados dan pie a nuevas intuiciones que a su vez pueden propiciar cambios en la estructura lógica de las teorías, con sus axiomas y definiciones, pero el significado intuitivo de las matemáticas hunde sus raíces en el formalismo. Si abandonásemos el formalismo y nos quedásemos solamente con el significado intuitivo, las matemáticas enseguida dejarían de ser conocimiento para convertirse en opinión, y su progreso no tardaría en estancarse.

La física matemática
y el comportamiento
emergente

Según Galileo, el gran libro de la naturaleza está escrito en lenguaje matemático[1]. Como mínimo puede decirse que los estudiosos del
mundo físico, empezando por el propio sabio pisano, se han impuesto la tarea de transcribir dicho libro en el lenguaje de las ciencias
exactas. Y los físicos, en cierto sentido, también son matemáticos.
Algunos, sin embargo, apenas usan las matemáticas. Otros, los auto-
denominados «físicos matemáticos», emplean matemáticas no triviales en sus estudios del gran libro de la naturaleza. Newton, no cabe
duda, era un físico matemático y Einstein[2] también se definía en esos
términos. En cambio, hubo una época, a mediados del siglo XX, en
que muchos físicos, entre ellos Richard Feynman[3], no querían tener
nada que ver con las ciencias exactas. Feynman, la verdad sea dicha,
estaba versado en matemáticas clásicas; la «integral de Feynman»,
obra suya, es una aportación fundamental a las matemáticas conceptuales. Pero los conocimientos matemáticos de no pocos físicos
se reducían a «unas nociones rudimentarias de los alfabetos griego
y latino»[4]. A finales del siglo XX las matemáticas regresaron con fuerza a la física gracias a la célebre teoría de cuerdas, que, si bien ha
dado pie a importantes desarrollos en matemática pura, hasta ahora apenas ha establecido una relación limitada con el gran libro de
la naturaleza. En la actualidad, algunos artículos que se clasifican
bajo la etiqueta de física matemática son obra de gente sin una sólida formación en física y su validez científica suele ser un tanto dudo-
sa. Aun a riesgo de insistir en lo obvio, permítaseme recalcar que el
objetivo de la física no es demostrar «teoremas físicos no triviales»

sino descifrar el gran libro de la naturaleza por medio de cualquier método que se demuestre útil, y eso puede incluir el desarrollo de nuevas teorías matemáticas.

Los comentarios anteriores no pretenden crear polémica: cualquier colega científico que lea este capítulo estará al tanto de la complejidad de la situación y tendrá su opinión sobre el tema. Los demás lectores simplemente quedan avisados de que la etiqueta «física matemática» puede tener diferentes significados dependiendo de la persona. Para mí, la física matemática tiene un carácter único: la mismísima Naturaleza nos toma de la mano y nos muestra el perfil de unas teorías matemáticas que un matemático puro no habría visto por sus propios medios. Pero muchos detalles permanecen ocultos, y nuestra tarea consiste en sacarlos a la luz. Hay un aspecto de esta tarea que me resulta particularmente fascinante y es la interpretación matemática del comportamiento emergente de los sistemas físicos, un asunto del que me ocuparé en un instante.

Un hito de la historia de la física es el descubrimiento de las leyes fundamentales, esto es, las de la mecánica clásica y la gravedad por parte de Newton y Einstein, y las de la mecánica cuántica por parte de Heisenberg y Schrödinger[5]. A partir de estas leyes fundamentales pueden entenderse, en principio, «casi todos» los fenómenos físicos observables. En la actualidad se está llevando a cabo un esfuerzo considerable en pos de la obtención de una «teoría del todo» que permita, en principio, entender «todos» los fenómenos físicos observables. Cuando se obtenga, será posible calcular todas las magnitudes físicas, aunque puede que con enormes dificultades y una precisión limitada. Podría parecer, entonces, que la parte más interesante de la física está finiquitada y que lo único que queda son simples «cálculos», pero no es así, por la sencilla razón de que la física presenta importantes problemas conceptuales que van más allá del descubrimiento de las leyes fundamentales. La situación, de hecho, es la misma en varias ramas de las matemáticas. Por ejemplo, más allá de las leyes fundamentales de la aritmética también existen importantes problemas conceptuales: ¿hay infinitos números primos?, ¿están distribuidos según el teorema del número primo?, etcétera.

Pensemos, por ejemplo, dado que conocemos las leyes fundamentales de la mecánica de las moléculas del agua, en la cuestión de las propiedades del líquido elemento, más concretamente en las llamadas «transiciones de fase»: ¿por qué el agua, cuando alteramos su temperatura, se transforma repentinamente en hielo o en vapor? Nos gustaría calcular la viscosidad del agua (su resistencia a la deformación) y entender la turbulencia. (El hecho de que resulte muy fácil producir turbulencias en la bañera no ayuda mucho a entender en qué consisten realmente.) Las propiedades que acabo de mencionar son propiedades emergentes. No son propiedades de una molécula de agua ni de diez, sino que aparecen en el límite de un número infinito de moléculas. Es cierto que en el laboratorio siempre se trabaja con un volumen de agua finito, pero el número de moléculas en un litro de líquido es descomunal y (al menos en una primera aproximación) las propiedades en cuestión son las de un sistema infinito.

Estoy tentado de explicar en mayor detalle las transiciones de fase (mecánica estadística del equilibrio), la viscosidad (mecánica estadística del no equilibrio) o la turbulencia, que, de hecho, han sido mis áreas de interés profesional, pero los detalles técnicos son sumamente difíciles y nos distraerían del verdadero objeto de este capítulo, que es examinar las relaciones entre las matemáticas y la física matemática a la hora de estudiar las propiedades emergentes de los sistemas multiparticulares.

Empezaré exponiendo tres observaciones que considero importantes acerca de la física matemática. La primera es que la naturaleza nos da «pistas» matemáticas. En el caso del agua, la pista es considerar un número infinito de moléculas de agua con el fin de poder analizar cosas como las transiciones de fase o la viscosidad. Pero la naturaleza no nos lo dice todo, por eso ha hecho falta el genio de Boltzmann y de Gibbs[6], además de mucho trabajo posterior, para entender cómo ciertos problemas, entre ellos las transiciones de fase, pueden analizarse en el marco de la mecánica estadística del equilibrio. Esta teoría es mucho más sencilla que la mecánica estadística del no equilibrio que se emplea, por ejemplo, para estudiar la viscosidad y que exige tener en cuenta la evolución temporal de un sistema infinito de moléculas. En la mecánica estadística del equilibrio, donde el tiempo no cuenta, este aspecto dinámico desaparece. Lo veremos en un instante.

Una segunda observación importante es que la física matemática trabaja con sistemas idealizados. Sabemos que una molécula de agua está compuesta de núcleos de oxígeno e hidrógeno rodeados de electrones y que los núcleos también tienen una estructura compuesta. Hay motivos de sobra para creer que estas complicaciones no son esenciales para entender el congelamiento y la ebullición mencionados más arriba. Un enfoque razonable (a decir verdad, el único enfoque viable) consiste en estudiar varios sistemas idealizados. Los modelos más simples pueden analizarse con más facilidad y detalle, y pueden resultar más interesantes para un matemático. Los modelos más elaborados pueden aproximarse más a la realidad física y, por ende, significar más para un físico.

La tercera observación importante es que la naturaleza puede «insinuar» un teorema pero sin afirmar abiertamente bajo qué condiciones resulta verdadero. Se trata de un complemento de la primera observación y enseguida veremos un ejemplo al hablar de la mecánica estadística del equilibrio.

La mecánica estadística del equilibrio es una teoría emergente. Utiliza algunos conceptos como «energía» que ya están presentes en la mecánica (tanto clásica como cuántica) y otros que son nuevos, como «estado de equilibrio» y «temperatura». Los físicos consideran especiales algunos estados de la materia y los denominan «estados de equilibrio»[7]; un ejemplo sería un kilogramo de agua en reposo en un volumen dado V y a una temperatura absoluta dada $T > 0$. El agua consiste en un número N de moléculas (correspondiente a un kilo) que pueden tener diferentes posiciones y velocidades. (En este caso he optado por la descripción clásica y no la cuántica.) La mecánica estadística del equilibrio clásica describe la probabilidad de que las N partículas ocupen determinadas posiciones y se muevan a determinadas velocidades. Comoquiera que la molécula de agua H_2O puede presentar diversas orientaciones espaciales y este fenómeno, en el contexto que nos ocupa, supone una complicación indeseada, vamos a sustituir el agua por el argón. La molécula de argón se compone de un solo átomo que podemos considerar dotado de simetría esférica, con lo cual su posición nos viene dada por las coordenadas $\mathbf{x} = (x^1, x^2, x^3)$ de su centro. (A continuación introduciré un par de fórmulas que aclararán el asunto a algunos lectores; si alguien no las entiende, que las pase por alto.) En lugar de la velocidad $\mathbf{v}$, lo normal es considerar el momento $\mathbf{p} = m\mathbf{v} = (p^1, p^2, p^3)$ donde m es la masa de un átomo de argón.

La energía de los N átomos de argón que interactúan en el volumen V es una función

$$E\ (\mathbf{x}_1,\ ...,\ \mathbf{x}_N,\ \mathbf{p}_1,\ ...,\ \mathbf{p}_N)$$

de las N posiciones (en el volumen V) de los átomos y de sus N momentos. La mecánica estadística del equilibrio clásica calcula la probabilidad de que cada coordenada de la posición esté en un intervalo infinitesimal $(x_j^i,\ x_j^i + dx_j^i)$ y cada componente del momento sea un intervalo $(p_j^i,\ p_j^i + dp_j^i)$; dicha probabilidad es

$$Ce^{-E\ (\mathbf{x}_1,\ ...,\ \mathbf{x}_N,\ \mathbf{p}_1,\ ...,\ \mathbf{p}_N)\ /\ kT} \prod_{i=1}^{3} \prod_{j=1}^{N} dx_j^i\, dp_j^i,$$

donde T es la temperatura absoluta, k es una constante universal (la constante de Boltzmann) y la constante C se ajusta para que la integral de $\mathbf{x}_1,\ ...,\ \mathbf{x}_N$ en el volumen V y $\mathbf{p}_1,\ ...,\ \mathbf{p}_N$ en $\mathbf{R}^3$ sea 1.

Para mayor simplicidad he preferido hablar de sistemas clásicos en lugar de cuánticos y, basándome en Boltzmann y Gibbs, he presentado una determinada medida de probabilidad que describe el estado de equilibrio de un sistema compuesto de un gran número N de partículas. (El extraño nombre técnico de esta medida de probabilidad es «conjunto canónico».) Nótese que hemos obviado la evolución temporal de nuestras N partículas. La idea (de Boltzmann, Gibbs y otros) es que, en un determinado tipo de estados dentro de los sistemas grandes (los denominados estados de equilibrio), existe un comportamiento emergente en el cual la evolución temporal carece de importancia. La explicación del comportamiento emergente de los estados de equilibrio es un problema interesantísimo pero puede soslayarse si así se desea por cuanto se sale del ámbito de la mecánica estadística del equilibrio.

Los padres fundadores de la mecánica estadística del equilibrio estaban interesados en los límites de los grandes sistemas, cuyo comportamiento extensivo es sumamente característico. En efecto, la naturaleza nos dice que, dada una temperatura, si duplicamos el número de moléculas y el volumen del recipiente (la forma no importa mucho), también se duplicará la energía del estado de equilibrio. (A fuer de precisos, lo correcto sería hablar de la energía media del estado de equilibrio y decir que se duplica de manera aproximada.)

La naturaleza nos dice que en todo gran sistema en equilibrio existen variables «intensivas» (temperatura, presión, etcétera) y variables «extensivas» (número de partículas, volumen, energía total, etcétera) tales que es posible duplicar el valor de todas las variables extensivas sin que se altere el de las variables intensivas (salvo pequeñas correcciones). Evidentemente, debería haber un teorema que explicase este comportamiento extensivo o «termodinámico», pero la naturaleza no nos revela bajo qué condiciones se cumple dicho teorema. (Este carácter impreciso de los indicios que da la naturaleza era la tercera de las observaciones importantes que hicimos más arriba.) Por ejemplo, el gas de las estrellas, ¿muestra un comportamiento termodinámico? En absoluto. Los cúmulos globulares de estrellas observados por los astrónomos no constituyen estados de equilibrio: se contraen lentamente y se evaporan. De hecho, la interacción gravitatoria entre las estrellas no da lugar a un comportamiento termodinámico.

Acabo de esbozar un ejemplo de comportamiento emergente (en este caso, comportamiento termodinámico) mediante el cual la naturaleza da las pistas para la formulación de una teoría matemática pero deja que sean los físicos matemáticos quienes aporten los detalles. El estudio de otros tipos de comportamiento emergente, como los que se observan en la mecánica estadística del no equilibrio o en la turbulencia hidrodinámica, plantea un desafío no menos arduo.

Las nuevas estructuras matemáticas reveladas por los estudios en el campo de la física matemática pueden tener un considerable interés desde un punto de vista estrictamente matemático y aplicaciones no relacionadas con la física. Voy a ilustrarlo con un ejemplo y una breve explicación técnica que a algunos lectores quizá les resulte un poco difícil, en cuyo caso léase por encima; como en uno de los capítulos anteriores, tal vez el lector sea capaz de apreciar, sino el significado exacto de la letra, sí la melodía y el estilo de cantar. Me propongo analizar la mecánica estadística del equilibrio de un sistema de espines en una retícula. Sea una caja finita (representada aquí como un fragmento de retícula bidimensional) que contiene N espines $\sigma_1, ..., \sigma_N$:

```
+ + − + −
+ − − + −
− + + + +
− + − − +
− − + − −
```

Cada espín de la caja puede tener el valor + 1 o − 1 (simboliza-dos, respectivamente, por + y −), y se da una cierta función de ener-gía E (σ_1, ..., σ_N). A una temperatura T, una configuración de espi-nes tiene, pues, una probabilidad

$$p_{\sigma_1 \cdots \sigma_N} = Ce^{-E(\sigma_1, ..., \sigma_N)/kT},$$

donde el número C se ajusta para que la suma de todas las 2^N pro-babilidades $p_{\sigma_1 \cdots \sigma_N}$ sea igual a 1. Para observar un comportamiento termodinámico hemos de introducir las llamadas interacciones, que permiten calcular la función de energía para cajas arbitraria-mente grandes (de un modo que permanece invariable al traducir retículas) y a continuación tomar el límite de una caja infinita:

```
·  ·  ·  ·  ·  ·  ·
·  + + − + − ·
·  + − − + − ·
·  − + + + + ·
·  − + − − + ·
·  − − + − − ·
·  ·  ·  ·  ·  ·  ·
```

En el límite es posible definir una distribución probabilística para el sistema de espines infinitos en la retícula; es lo que se conoce como «estado de Gibbs». Los estados de Gibbs para sistemas de espines en una retícula cuentan con una profusa teoría desarrollada inicial-mente por Dobrushin[8], Lanford y el autor de estas líneas, y después por muchos otros, entre ellos Sinai[9]. Personalmente, me concentré en los sistemas unidimensionales:

```
·  ·  + − + + + − − ·  ·
```

y mostré que para tales sistemas sólo existe un estado de Gibbs y que éste depende de un modo muy preciso de la interacción (una dependencia real-analítica en cierto sentido). El resultado no tenía nada de asombroso: se supone que los sistemas unidimensionales no tienen transiciones de fase (siempre que se hayan hecho las suposiciones técnicas apropiadas).

Llegados a este punto, la historia de los estados de Gibbs cambia repentinamente y pasa de la física matemática a otra cosa: Yasha Sinai demostró la existencia de «dinámicas simbólicas» para «difeomorfismos de Anosov». Esto significa que los puntos de una variedad diferenciable M adecuada podían codificarse mediante secuencias

$$\cdot \quad \cdot \quad + \quad - \quad + \quad + \quad + \quad - \quad - \quad \cdot \quad \cdot$$

correspondientes a un sistema de espines unidimensional, de tal modo que la acción de una aplicación diferenciable llamada «difeomorfismo de Anosov» sobre M corresponda a cambiar todos los símbolos $\pm$ avanzando un paso a la izquierda en la secuencia de arriba, esto es, en una retícula unidimensional. Sinai (y otros, en particular Bowen[10]) pudieron, entonces, empezar a estudiar los estados de Gibbs en las variedades. Esta idea, que ha dado lugar a un número considerable de innovaciones matemáticas[11] y regresó desde las matemáticas puras a la física gracias al estudio del caos[12], tiene el enorme valor de introducir una herramienta analítica (estados de Gibbs) en un problema geométrico (difeomorfismos). Nótese que, en teoría, también habría podido demostrarse la existencia de dinámicas simbólicas sin saber nada de mecánica estadística del equilibrio, pero Sinai había trabajado en esta rama de la mecánica y se guió por su conocimiento en la materia.

Todo este árido resumen no consigue transmitir ni por asomo la extraordinaria experiencia que me supuso ser uno de los responsables del desarrollo de una gran idea matemática que surgió en un contexto de física matemática para posteriormente retornar a la física como ingrediente de la teoría del caos. También tuve la enorme suerte de que aquellos con quienes interactué directamente no sólo eran brillantes matemáticos sino personas de una calidad humana fuera de lo común. Efectivamente, los comienzos de la década de los setenta fueron una época fantástica en la que los rusos Dobrushin y Sinai, los estadounidenses Lanford y Bowen, y un servidor participábamos en un generoso intercambio de ideas, mientras en la frontera de la física y las matemáticas se abrían nuevos territorios.

La belleza
de las matemáticas

Mucha gente ve belleza en objetos físicos o biológicos de la naturaleza —un cristal de cuarzo, una flor, una mariposa— así como en ciertos artefactos hechos por el hombre, como una vasija de cerámica de formas perfectas. Algunos también vemos belleza en las matemáticas.

Nuestro sentido de la belleza es parte de nuestra naturaleza humana, por eso nos parece bello un cuerpo humano perfecto, una voz o una vasija hecha por el hombre. Pero las ideas de perfección, pureza y sencillez que solemos asociar a la belleza también nos alejan de las miserias de la humanidad para llevarnos a las flores, a los cristales, a los dioses, a Dios. Los hombres buscamos algo más allá de nuestro consabido mundo humano, biológico o físico. ¿Existe algo más allá de este mundo de incertidumbres? Sí, existen las matemáticas, que generan conocimiento, no meras opiniones.

Si me dispongo a hablar de la belleza de las matemáticas, un ámbito en el que impera la lógica, ¿por qué mencionar las incertidumbres de la física, la biología o la teología? Pues sencillamente porque nuestro humano sentido de la belleza no se rige por la lógica estricta. De hecho, podría perfectamente llevarnos a desear una lógica inhumana. Es un sentido muy humano y no especialmente lógico. A este respecto, permítaseme mencionar brevemente que la belleza musical se basa en intervalos que corresponden a simples proporciones racionales entre frecuencias sonoras, sólo que estas proporciones racionales están todas desordenadas en nuestro sistema de escalas temperadas de forma que nos resulte aceptables a los humanos, más que nada porque nuestra capacidad de distinguir frecuencias sonoras diferentes es limitada. Desde un punto de vista aritmético, el sistema de escalas temperadas es una aberración: en nuestra búsqueda de la belleza musical hemos antepuesto la comodidad a la lógica.

Los seres humanos hemos de estar preparados para descubrir que la perfección, pureza y sencillez que tanto apreciamos en las matemáticas están relacionadas metafóricamente con un anhelo de perfección, pureza y sencillez en el hombre. Ésta podría ser la razón por la cual los matemáticos a menudo tienen inclinaciones religiosas. Ahora bien, también tenemos que estar preparados para descubrir que nuestro amor por las matemáticas no está exento de las habituales contradicciones humanas. Lo que a muchos de nosotros, débiles humanos, nos atrae de las ciencias exactas es que se enfrentan a la incertidumbre y relatividad del pensamiento humano con la absoluta certeza de la verdad matemática. Sólo en matemáticas es posible comprobar si un enunciado es correcto verificando su demostración punto por punto y estar, con ello, absolutamente seguro de la conclusión, aun cuando la demostración sea larguísima. Las matemáticas son la única actividad humana donde, en principio, no es necesario el uso de un lenguaje humano; el único ámbito donde no se necesita hacer ninguna referencia a nuestro entorno físico, biológico o psicológico.

Entre los diversos alicientes que existen para la práctica matemática habría que mencionar el deseo de ser el mejor, de convertirse en un académico importante y ganar un premio de un millón de dólares, pero no voy a detenerme en estas cuestiones por cuanto no son privativas de las matemáticas. Lo importante para muchos matemáticos es sentirse parte de un selecto grupo de individuos que tienen en común la custodia de un mismo tesoro intelectual. Hay más grupos que también comparten un sentimiento parecido, pero la comunidad matemática es especial por su consenso en cuanto a quiénes la integran, por ser sumamente internacional, interactiva y relativamente pequeña (unos pocos miles de matemáticos creativos), y, sobre todo, por consistir en un peculiar elenco de personas que han forzado los límites de la conquista intelectual.

Las ciencias exactas son útiles. No sólo constituyen el lenguaje de la física sino que determinados aspectos matemáticos son importantes en todas las ciencias y sus aplicaciones, y también en las finanzas. Sin embargo, y hablo por experiencia, los buenos matemáticos rara vez se ven impelidos a hacer algo provechoso por un elevado sentido del deber y el éxito. De hecho, algunos prefieren pensar que su labor es absolutamente inútil. (Puede que se equivoquen: la teoría de números, que siempre se había considerado tan hermosa como estéril, ha resultado tener utilidad en criptografía, con importantes consecuencias financieras y militares.) En cuanto a las aplicaciones de las matemáticas en la física y otras ciencias, en muchos casos prefiero hablar de simbiosis. Se trata de un tema de gran interés filosófico pero, dado que excede el ámbito estricto de las matemáticas, me he limitado a analizar someramente el caso particular de la física matemática en el capítulo anterior.

Entre las cosas útiles relacionadas con las matemáticas destaca la docencia, actividad muy querida por muchos matemáticos que desean compartir su amor por la belleza de su disciplina (incluidos aquellos que prefieren que siga siendo inútil). La enseñanza puede impartirse en forma de clases para alumnos, seminarios y conferencias, o charlas informales. Las matemáticas han vivido y prosperado en una serie de lugares donde se enseñaban y se discutía sobre ellas, desde la Alejandría de la antigüedad hasta Göttingen y Heidelberg durante los siglos XIX y XX, y muchos otros lugares y épocas. Personalmente, he tenido la suerte de estar presente en varios lugares durante los extraordinarios periodos en que las matemáticas se creaban y prosperaban[1], y la experiencia es inolvidable. Ahora bien, en las matemáticas, como en el arte, los grandes periodos no duran eternamente. Y si bien la decadencia y caída de un lugar próspero puede sobrevenir de muchas maneras, la política suele desempeñar un papel decisivo: dictadura a nivel nacional o juegos de poder a nivel de una institución concreta.

Espero haber convencido al lector de que el amor por la belleza matemática es una razón esencial por la que los matemáticos se dedican a las ciencias exactas y las enseñan. Ahora bien, ¿qué es lo que hace bellas a las matemáticas? Propongo una respuesta: creo que la belleza de las matemáticas reside en revelar la sencillez y complejidad ocultas que coexisten en el rígido marco lógico impuesto por la propia disciplina.

Naturalmente, la interacción y la tensión entre la sencillez y la complejidad constituyen un elemento del arte y la belleza que también se da fuera de las ciencias exactas. En efecto, la belleza que vemos en las matemáticas ha de estar relacionada con la belleza que nuestra naturaleza humana encuentra en otros ámbitos. Y el hecho de que nos sintamos atraídos tanto por la sencillez como por la complejidad, dos conceptos contradictorios, condice con nuestra naturaleza ilógica. En este caso, sin embargo, lo extraordinario es que el impacto de la sencillez y la complejidad es connatural a las matemáticas; no se trata de una construcción humana. Podría decirse que por eso son bellas, porque encarnan de manera natural la sencillez y la complejidad que anhelamos.

Es hora de ser más específicos. Voy a empezar recordando dos hermosos hechos, antiguos e históricamente importantes, ambos relacionados con el teorema de Pitágoras. El primero revela una simplicidad inesperada: un triángulo cuyos lados miden 3, 4 y 5, tiene un ángulo recto enfrente del lado que mide 5. Esta observación prematemática constituye un llamativo indicio de la simplicidad latente en la naturaleza de las cosas. El segundo hecho es que la diagonal de un cuadrado cuyos lados midan 1 es irracional: $\sqrt{2} =$ 1,41421356… no puede escribirse como cociente de dos números enteros. La demostración de este hecho pone de manifiesto que las cosas son más complicadas de lo que se creía, y obligó a los matemáticos griegos a aceptar la necesidad lógica de números no racionales.

Un ejemplo general de la interacción entre simplicidad y complejidad es el hecho de que un enunciado matemático breve puede requerir una demostración muy larga. Como resultado técnico, se trata de uno de los teoremas de Gödel que hemos comentado en el capítulo 12. A decir verdad, los matemáticos conocen muchos teoremas cuyo enunciado es breve (como el último teorema de Fermat) pero cuya demostración es larguísima.

En nuestra valoración de la belleza matemática, como ocurre con la belleza artística, también influye la moda. Bourbaki hizo hincapié en un aspecto estructural de las matemáticas que para muchos matemáticos constituye un elemento de belleza. Sin embargo, las ideas estéticas de los griegos eran diferentes de las nuestras e incluían una categórica aversión al orgullo desaforado. ¿Qué opinarían de unas demostraciones matemáticas que ocupan cientos o incluso miles de páginas? Es evidente que nuestro paisaje intelectual y nuestro sentido de la belleza han cambiado a lo largo de los siglos. Platón, Leonardo da Vinci y Newton tenían cosmovisiones diferentes, pero se trataba de cosmovisiones unificadas, y el hombre desempeñaba en ellas un papel protagonista. La ciencia actual también lucha por lograr una visión unificada del universo, sólo que en ella los seres humanos figuramos como un accidente insignificante. Al mismo tiempo, la verdad matemática ha adquirido un papel más fundamental incluso que la realidad física. Mientras que las respectivas posiciones del hombre y las matemáticas han experimentado una revisión radical, resulta sorprendente lo poco que han cambiado las relaciones entre ambos socios desde los griegos. El propósito de este libro ha sido ayudar a entender esta relación (o esta hermosa relación, podríamos decir).

Y ahora que hemos llegado al final de nuestro viaje, quiero hacer una última observación: es en la investigación matemática donde verdaderamente se llega a apreciar la belleza de las ciencias exactas, una belleza que surge ante nosotros en esos momentos en que la simplicidad subyacente a un problema se pone de manifiesto y nos permite soslayar sus absurdas complicaciones. En esos instantes, un fragmento de una inmensa estructura lógica se esclarece y termina por revelarse una parte del significado oculto en la naturaleza de las cosas.[2]

Notas

Capítulo 1

El pensamiento científico

Pág. 14   1. D. Ruelle, «The obsessions of time», *Comm. Math. Phys.* **85** (1982), 3-5; «Is our mathematics natural? The case of equilibrium statistical mechanics», *Bull. Amer. Math. Soc. (N. S.)* **19** (1988), 259-268; «Henri Poincaré's 'Science et Méthode'» *Nature* **391**, (1998), 760; «Conversations on mathematics with a visitor from outer space» in *Mathematics: Frontiers and Perspectives*, ed. V. Arnold, M. Atiyah, P. Lax y B. Mazur, Amer. Math. Soc., Providence, RI, 2000, 251-259: «Mathematical Platonism reconsidered», *Nieuw Arch. Wiskd. (5)* (2000), 30-33.

Pág. 16   2. Es habitual referirse a Isaac Newton (1643-1727) como un sabio o filósofo inglés cuya faceta más conocida es la de matemático y físico teórico, pero lo cierto es que también se interesó por otros temas muy variados. Su mejor biografía sigue siendo la de R. S. Westfall (*Never at Rest: A Biography of Isaac Newton*, Cambridge University Press, Cambridge, 1980).

3. El interés popular por el uso esotérico de las Escrituras se ha renovado a raíz de la publicación del libro de Michael Drosnin *The Bible Code* (Simon and Schuster, Nueva York, 1997 [Trad. española: *El código secreto de la Biblia*, Círculo de Lectores, S. A., Barcelona, 1999]. La hipótesis de Drosnin (que no guarda relación con las ideas de Newton) es que ciertas secuencias de texto de la Torá que presentan el mismo espacio entre las letras contienen mensajes ocultos dotados de significado. Aunque la idea parece haber obtenido el respaldo de algunos matemáticos eminentes, en general la reacción de la comunidad científica ha sido de rechazo. Véase, por ejemplo, «The case against the codes», obra de Barry Simon (publicado en Internet).

CAPÍTULO 2

¿Qué son las matemáticas?

Pág. 20 1. El filósofo griego Pitágoras vivió hacia el año 500 a. C. y sigue siendo una figura misteriosa. Poco se sabe de su obra matemática y de su relación con el teorema que lleva su nombre.

Pág. 21 2. Los escritos del filósofo griego Platón (427 a. C.-347 a. C.) siguen siendo sorprendentemente amenos. Naturalmente, el lector de Platón debería permitirse discrepar del contenido de su obra: en ocasiones la lógica platónica es discutible desde el punto de vista moderno y sus ideas políticas pueden resultarnos rayanas en el fascismo. Las más de las veces, sin embargo, uno tiene la deliciosa sensación de estar conversando con un hombre sumamente inteligente, abierto y agradable.

3. Euclides vivió hacia el año 300 a. C. en Alejandría. Los trece libros de sus *Elementos* constituyen el monumento más importante que nos han legado las matemáticas griegas.

Pág. 22 4. El alemán David Hilbert (1862-1943) fue una figura sobresaliente de las matemáticas. En 1899 presentó su versión de la geometría euclidiana en el libro *Grundlagen der Geometrie*. Hilbert es famoso, entre otras cosas, por los veintitrés problemas (a la sazón irresueltos) que planteó a la comunidad matemática en el Congreso Internacional de Matemáticos celebrado en París en 1900. Treinta años después expresó su confianza en el poder de la disciplina con el aserto:

Wir müsen wissen, wir werden wissen.
(Hemos de saber y sabremos.)

Sin embargo, el teorema formulado por Gödel en 1931 demostró que existen límites a lo que podemos llegar a saber.

5. El matemático y lógico de origen austriaco Kurt Gödel (1906-1998) llevó a cabo unas demostraciones asombrosas sobre la estructura lógica de las matemáticas. Sus teoremas de incompletitud, publicados en 1931, demuestran que en todo sistema matemático axiomático (no demasiado simple) existen proposiciones que no pueden demostrarse ni refutarse dentro del sistema. En concreto, la coherencia de los axiomas es imposible de demostrar.

Pág. 24 6. J. P. Serre, *Cours d'arithmétique*, Presses Universitaires de France, Paris, 1970. Jean-Pierre Serre (1926-) es un matemático francés.

7. S. Smale, «Differentiable dynamical systems», Bull. Amer. Math. Soc. **73** (1967), 747-817. Stephen Smale (1930-) es un matemático estadounidense.

CAPÍTULO 3

El programa de Erlangen

Pág. 25 1. El matemático alemán Felix Klein (1849-1925) realizó varias aportaciones fundamentales a la geometría.

Pág. 29 2. *Números reales y complejos*

La distancia (en alguna unidad) entre los puntos O y X de una recta es un número positivo d (o 0 si X coincide con O). Tras fijar O, la posición de X quedará determinada si otorgamos a d un signo + o – dependiendo de si X está a la derecha o a la izquierda de O. De + d o – d se dice que es un número real. Llamémoslo x: puede ser positivo, negativo o cero. Así pues, un número real x determina exactamente la posición de un punto en la línea (una vez escogidos O, una unidad de medida y cuáles son los lados derecho e izquierdo de O).

Un número complejo es una expresión como $x + iy$, donde x e y son números reales e i es un nuevo símbolo. Se da por hecho que i multiplicado por sí mismo (o sea, i^2) es – 1. La expresión $x + iy = 0$ significa que tanto x como y son 0. Los números complejos pueden sumarse, restarse y multiplicarse (para la multiplicación, úsese $i^2 = -1$). Si $x + iy \neq 0$, también puede usarse $x + iy$ como divisor. De hecho,

$$\frac{1}{x - iy} = \frac{x}{x^2 - y^2} - \frac{iy}{x^2 - y^2}.$$

Dibujemos ahora dos rectas perpendiculares en el plano que se encuentren en O y llamémoslas eje de abscisas Ox y eje de ordenadas Oy, como en la siguiente ilustración:

Desde un punto Z trazamos las perpendiculares ZX a Ox y Zy a Oy. Llamemos x a la distancia desde X a O, con un signo + o – dependiendo de si X está a la derecha o a la izquierda de O, y llamemos y a la distancia de Y a O, con un signo + o – dependiendo de si Y está encima o debajo de O. De esta forma tenemos una correspondencia entre el punto Z del plano y el número complejo $z = x + iy$. Dicho de otro modo, podemos visualizar los números complejos como puntos en el plano (en ese caso se habla del «plano complejo»).

CAPÍTULO 4

Matemáticas e ideología

Pág. 35   1. En la nota 2 del capítulo 3 hemos visto que la posición de un punto Z en el plano puede expresarse mediante dos números reales x, y. Del mismo modo, un punto en tres dimensiones puede describirse mediante tres números. Esta idea, cuya aplicación sistemática debemos al filósofo y matemático francés René Descartes (1596-1650), ha permitido a los matemáticos aplicar el álgebra a la geometría, una innovación crucial tanto para la geometría como para las matemáticas en general.

Pág. 37   2. A. Vershik, «Admission to the mathematics faculty in Russia in the 1970's and 1980's», *Mathematical Intelligencer* 16 (1994), 4-5; A. Shen, «Entrance examinations to the Mekh-mat», (*Math. Intelligencer*) **16** (1994), 6-10. Estos artículos, junto con un estudio matemático de problemas de examen de ingreso obra de I. Vardi y otras aportaciones, se han recopilado en un volumen titulado *You Failed Your Math Test, Cofrade Einstein* (M. Shifman, ed., World Scientific, Singapur, 2005).

Pág. 39   3. Como dice mi esposa, entre los matemáticos hay menos farsantes y malnacidos que entre el público en general, pero quizás también hay menos gente divertida.

CAPÍTULO 5

La unidad de las matemáticas

Pág. 41   1. Un ejemplo de esto es la llamada «hipótesis de Riemann», una famosa conjetura sobre la distribución de grandes números primos formulada por el matemático alemán Bernhard Riemann (1826-1866). Pese a morir antes de cumplir los cuarenta, puede que Riemann fuese el mayor matemático de todos los tiempos tanto por la diversidad de su obra como por su profundidad. La demostración de la hipótesis de Riemann es uno de los veintitrés problemas propuestos por Hilbert en 1900.

2. El matemático de origen suizo Leonhard Euler (1707-1783) demostró su fórmula en 1734. Euler residía a la sazón en San Petersburgo, ciudad en la que murió.

Pág. 42   3. El filósofo y matemático alemán Gottfried Wilhelm Leibniz (1646-1716) desarrolló una versión del cálculo infinitesimal. La independencia de sus resultados respecto de los de Newton es discutible, pero su notación sigue usándose en nuestros días.

Pág. 44   4. El matemático alemán Georg Cantor (1845-1918) hizo aportaciones fundamentales a la teoría de conjuntos.

5. El lógico y matemático inglés Alan Turing (1912-1954) también realizó profundas contribuciones conceptuales en otros campos. Volverá a aparecer en el capítulo 15.

Pág. 46   6. El matemático francés Alexander Grothendieck (1928-) aparecerá de nuevo en los capítulos 6 y 7.

7. El matemático de origen belga Pierre Deligne (1944-) trabajó en Francia y ahora lo hace en los Estados Unidos.

Pág. 47   8. El Séminaire Bourbaki sigue vivo y muy activo. Tres veces al año celebra un encuentro en París en el que se dan cinco conferencias y se presentan meticulosamente unos cuantos temas de interés actual. El texto de las conferencias, escrito con antelación, se reparte entre los asistentes. El Séminaire Bourbaki desempeña un importante papel en la difusión de nuevas ideas matemáticas.

CAPÍTULO 6

Un vistazo a la geometría algebraica y a la aritmética

Pág. 49   1. La obra del matemático francés Henri Poincaré (1854-1912) abarca múltiples temas y sus libros sobre la filosofía de la ciencia siguen siendo muy actuales y amenos.

Pág. 51   2. Es una particularidad especial del teorema de Bézout.

Pág. 52   3. Aunque se le conoce sobre todo por sus aportaciones a la teoría de números, el matemático francés Pierre Fermat (1601-1655) fue también abogado y consejero del parlamento de Toulouse.

4. La demostración del último teorema de Fermat se debe a diversas contribuciones de varios matemáticos, pero el paso decisivo (y más difícil) lo dio el matemático británico Andrew Wiles (1953-), que en la actualidad trabaja en Estados Unidos.

CAPÍTULO 7

Viaje a Nancy con Alexander Grothendieck

Pág. 55 1. Paul Montel (1876-1975) pertenece a esa acendrada tradición francesa que aúna excelencia matemática y longevidad y de la que también son señeros exponentes Jacques Hadamard (1865-1963) y Henri Cartan (1904-).
2. Motchane aparece en el libro de Vercors *La bataille du silence* (Les Editions de Minuit, París, 1992). Esta hermosa obra habla de unos cuantos hombres y mujeres que durante la Segunda Guerra Mundial desafiaron a las autoridades francesas y a sus amos nazis al publicar libros ilegalmente en una época en que podría haberles costado la vida.
3. El físico estadounidense J. Robert Oppenheimer (1904-1967) desempeñó un papel esencial en la creación de la bomba atómica.

Pág. 56 4. El matemático francés René Thom (1923-2002) fue un pensador independiente. No formaba parte de Bourbaki y dedicó bastante tiempo a su teoría de la catástrofe y a temas filosóficos, pero es probable que al final se le recuerde sobre todo por sus importantes aportaciones a la geometría.
5. Puede encontrarse información biográfica sobre Grothendieck en dos artículos de P. Cartier, uno en francés («Grothendieck et les motifs», IHES, 2000) y el otro en inglés («A mad day's work,...», Roger Cook, trad., *Bull. Amer. Math. Soc.* **38** [2001], 389-408). Cartier ha llevado a cabo un esfuerzo considerable y bastante fructífero por salvar a Grothendieck de un prematuro entierro, pero soy escéptico en cuanto a sus interpretaciones «psicoanalíticas» del célebre matemático. Otra fuente interesante es A. Herreman («Découvrir et transmettre», IHES, 2000), donde se alude al «coup de poing en pleine gueule»; véase más abajo. También hay un excelente artículo de Allyn Jackson, «Comme appelé du néant–as if summoned from the void: The life of Alexandre Grothendieck» (*Notices Amer. Math. Soc.*, **51** [2004], I, 1038-1056; II, 1196-1212). Asimismo, he recurrido a mis propios recuerdos sobre el periodo en cuestión, con el apoyo de mis archivos personales.
Para un análisis matemático de la obra de Grothendieck, véase J. Dieudonné («De l'analyse fonctionnelle aus fondements de la géométrie algébrique», en *The Grothendieck Festschrift*, I, Prog. Math. 86, Birkhäuser, Boston, 1990, 1-14). Cito a continuación la conclusión de Dieudonné sobre la aportación de Grothendieck a la geometría algebraica: «Es imposible resumir estas seis mil páginas. Hay pocos ejemplos en matemáticas de una teoría tan monumental y tan fértil, construida en tan poco tiempo y obra de un solo hombre».

Pág. 57   6. El matemático francés Jean Dieudonné (1906-1992) fue uno de los principales integrantes de Bourbaki y uno de los primeros miembros del IHES.

Pág. 58   7. O al menos muy diferente. Permítaseme explicar esta afirmación. Muchos científicos de éxito nos dejan una historia de su vida, una narración autobiográfica que suele contener datos históricos y personales relevantes, anécdotas divertidas y alusiones que demuestran que el autor tenía otros intereses aparte de los estrictamente científicos (como la música, el sexo, la administración, etcétera). La historia culmina con un apretón de manos entre el insigne científico y alguna otra eminencia, un presidente, un rey o tal vez el papa. Cuando uno lee *Récoltes et semailles* de Grothendieck, podrá gustarle o no, pero percibe una personalidad muy diferente.

8. El físico francés Louis Michel (1923-1999) fue uno de los primeros miembros del IHES.

Pág. 60   9. «Vous êtes un fieffé menteur, Monsier Motchane». Es una frase bastante subida de tono que disgustó a unas cuantas personas que hasta entonces simpatizaban con Grothendieck.

Pág. 61   10. El libro *Récoltes et semailles* (1985-86) de Grothendieck esta disponible en Internet, junto con más material, en varias formas y traducciones. Como quiera que el material disponible cambia con el tiempo, invito al lector a que lo verifique él mismo.

11. El premio Crafoord, *ex aequo* con Pierre Deligne. El galardón lo concede la Academia de Ciencias de Suecia en reconocimiento a la labor en diversas disciplinas para las que no existe premio Nobel.

12. *Véase* nota 5.

13. Pierre-Gilles de Gennes (1932-) es un físico francés.

CAPÍTULO 8

Estructuras

Pág. 64   1. Acabamos de introducir dos conceptos de teoría de conjuntos: «subconjuntos» y «aplicaciones» (o «funciones»). He aquí otras dos definiciones. La «intersección» de dos conjuntos S y T es el conjunto compuesto por todos aquellos elementos que pertenezcan tanto a S como a T y simbolizado por la expresión $S \cap T$. La «unión» de S y T es el conjunto compuesto por todos aquellos elementos que pertenezcan a S, a T o a los dos, y simbolizado por la expresión $S \cup T$. Así, $\{a,b\} \cap \{a,c\} = \{a\}$, $\{a,b\} \cap \{c\} = \emptyset$ (el conjunto vacío) y $\{a,b\} \cup \{a,c\} = \{a,b,c\}$. También es posible definir la intersección y unión de más de dos conjuntos (familias generales de conjuntos, posiblemente infinitas).

Pág. 66   2. El matemático estadounidense de origen polaco Samuel Eilenberg (1913-1998) y el estadounidense Saunders Mac Lane (1909-2005) colaboraron en las décadas de 1940 y 1950.

3. Con su prolongado apego a su madre, su adicción a las anfetaminas y otras rarezas, el matemático de origen húngaro Paul Erdös (1913-1996) puede parecer un personaje un tanto extremo. Resulta sorprendente que una personalidad así prosperase en un entorno tan particular como el de las matemáticas.

Pág. 67   4. M. Aigner y G. M. Ziegler, *Proofs from The Book*, Springer, Berlín, 1998 (3.ª edición en 2004). Por cierto, al toparse con el teorema 1 del capítulo 8, «En cualquier configuración de puntos n en el plano, no todos en una recta, existe una recta que contiene exactamente dos de esos puntos», el lector puede verse tentado a usar los métodos de la geometría proyectiva para obtener una demostración, pero en el mismo *Proofs from The Book* encontrará la explicación de por qué le será imposible.

5. *Véase* capítulo 2, nota 2.

Pág. 68   6. En previsión de malentendidos, quiero recalcar que no comulgo con una concepción literaria de la ciencia que viene gozando de popularidad en ciertos círculos (a saber: que un texto científico, como cualquier otro producto literario, no es más que un reflejo de las condiciones socioeconómicas bajo las que se creó y ha de estudiarse como tal). Opino que el enfoque literario juzga erróneamente el contenido científico de los textos científicos y que la crítica literaria es un método limitado a la hora de explorar las relaciones entre la mente humana y sus productos científicos.

CAPÍTULO 9

El ordenador y el cerebro

Pág. 69   1. Hay quien piensa que el científico estadounidense de origen húngaro John (anteriormente Johann) Von Neumann (1903-1957) sirvió de modelo para el personaje del Dr. Strangelove de Stanley Kubrick. (Otros dicen que fue el físico estadounidense de origen húngaro Edward Teller [1908-2003].)

2. J. Von Neumann, *The Computer and the Brain*, Silliman Memorial Lectures Vol. 36, Yale University Press, New Haven, 1958. [Trad. española: *El ordenador y el cerebro*, Antoni Bosch editor, Barcelona, 1980.]

Pág. 71   3. El científico griego Arquímedes de Siracusa (287 a. C.-212 a. C.) es conocido por sus ideas en el campo de la física y la ingeniería, pero sobre todo por sus aportaciones a las matemáticas. Sus cálculos de superficies y volúmenes anticipan el cálculo infinitesimal de Newton y Leibniz, y se le considera uno de los mayores matemáticos de todos los tiempos.

Pág. 74   4. Existe la creencia generalizada de que pensar equivale a hablar. Por ejemplo, Platón escribe en el *Sofista*: «¿Acaso no son lo mismo el pensamiento y el discurso, siendo la única diferencia que lo que llamamos pensamiento es el diálogo que mantiene el alma consigo misma sin auxilio de la voz?». La práctica del pensamiento matemático pone de manifiesto la importancia de los elementos no verbales, en particular de los visuales.

5. Los ordenadores pueden cometer errores aleatorios (los llamados «*glitches*») cuya eliminación (mediante repetición, revisiones, etcétera) ha sido objeto de estudio. Pero con la tecnología actual el umbral de error es tan bajo que no viene al caso en esta discusión.

Pág. 75   6. *Véase* «Conversations on mathematics with a visitor from outer space», *Mathematics: Frontiers and Perspectives*, V. Arnold, M. Atiyah, P. Lax y B. Mazur, ed., Amer. Math. Soc., Providence, 2000, 251-259.

CAPÍTULO 10

Textos matemáticos

Pág. 78   1. Reviel Netz ofrece un análisis detallado en *The Shaping of Deduction in Greek Mathematics: A Study of Cognitive History*, Ideas in Context, 51, Cambridge University Press, Cambridge, 1999.

2. Tal vez el lector quiera poner a prueba sus conocimientos con el siguiente problema. Sean tres ejes Ox, Oy, Oz mutuamente perpendiculares en el espacio. Considérese el cilindro sólido C_x con el eje Ox y radio R, y otro tanto con C_y y C_z. Estos tres cilindros (de igual radio) intersecan en un cuerpo S limitado por caras curvas. Pregunta: ¿cómo es S? ¿Cuántas caras tiene, qué forma tienen las caras y cómo están unidas? Es posible dar con la respuesta mediante una combinación de intuición visual y razonamiento, aunque es un procedimiento un tanto arduo. Resulta mucho más fácil hacer un dibujo en un papel. (Dibújense las intersecciones de dos cilindros al mismo tiempo.)

Pág. 80   3. Cada idioma ofrece unas posibilidades poéticas diferentes porque el ritmo, la gramática, el vocabulario, las semejanzas léxicas y las polisemias también son diferentes. El alemán, por ejemplo, es una lengua de marcados acentos, un recurso que Goethe usó con gran efecto en los siguientes versos:

Wer reitet so spät durch Nacht und Wind?
Es ist der Vater mit seinem Kind.

En cambio, el débil acento del francés puede emplearse con gran sutileza, como cuando Apollinaire escribe:

Le colchique couleur de cerne et de lilas
Y fleurit tes yeux sont comme cette fleur-là.

En ocasiones, esos factores diferentes —la forma, el significado, la asociación de palabras— se confabulan para producir ese artefacto milagroso que es un gran poema. Ninguna de las traducciones poéticas en verso que he visto me convencen: se me antoja demasiado utópico esperar que un mismo milagro pueda darse por duplicado en dos idiomas. Sin embargo, valoro enormemente la ayuda que me brindan ciertas traducciones en prosa de poemas como los de San Juan de la Cruz, cuyo contenido, de no ser por aquellas, no se me alcanzaría por cuanto mi conocimiento de la lengua original es limitado o nulo.

Pág. 81   4. Hoy en día casi todos los matemáticos escriben ellos mismos sus manuscritos en un ordenador portátil o en un terminal mediante alguna herramienta informática apropiada, como, por ejemplo, el TeX. Una fórmula escrita en TeX guarda un parecido razonable con una frase en inglés. De hecho, (*) se escribe así:

$$\{U - A\over M - A\} : \{U - B\over M - B\} =$$
$$\{M - A\over V - A\} : \{M - B\over V - B\}$$

El TeX, dicho sea de paso, es un invento estupendo para los matemáticos ciegos, que pueden leer la susodicha fórmula (una disposición lineal de una variedad de símbolos limitada) con más facilidad que la original (*).

CAPÍTULO 11

Honores

Pág. 85   1. Giordano Bruno (1548-1600) fue un filósofo y hereje italiano. A él y a la infinidad de personas que han sufrido y sufren por manifestar sus opiniones y creencias cuando las autoridades de la época les exigían y exigen guardar silencio debemos la libertad de expresión de que disfrutamos hoy.

Pág. 87   2. Ciertos individuos practicantes de determinadas disciplinas deportivas ofrecen un excelente rendimiento y el público los recompensa generosamente por ello, lo cual no tiene nada de malo. Lo que sí tiene bastante de malo es que el poder del dinero fomente el uso de drogas, induzca a hacer trampas y desmienta la categorización del deporte como actividad saludable. El hecho de recompensar generosamente los grandes logros científicos tampoco tiene nada de malo. De hecho, estoy completamente a favor. No obstante, otorgar una importancia excesiva al dinero puede resultar peligroso y es menester mostrar precaución. Los fraudes (inventarse los resultados, entre otras cosas) se han convertido en un problema en el campo de la medicina, la biología y la física, y hay indicios de que el efecto corruptor del dinero terminará afectando a las matemáticas.

CAPÍTULO 12

El infinito: la cortina de humo de los dioses

Pág. 89   1. El matemático y físico alemán Ernst Zermelo (1871-1953) contribuyó de un modo esencial a la teoría de conjuntos.
2. El matemático de origen alemán Adolf Fraenkel (1891-1965) se afincó en Jerusalén en 1929.
3. El *Encyclopedic Dictionary of Mathematics* (2.ª edición, 4 volúmenes, MIT Press, Cambridge, 1987) es una traducción del original japonés (3.ª edición, K. Itô, Sociedad Matemática de Japón, Tokio, 1985). Es sorprendente cuántos de los hitos matemáticos del siglo XX hallan cabida en este compendio.
Pág. 90   4. Como ejemplo de las paradojas que se suscitan en la teoría de conjuntos «ingenua» citaré la de Russell, que consiste en lo siguiente. Decimos que x es un conjunto del primer tipo si no es miembro de sí mismo $(-x \in x)$ y del segundo tipo si es miembro de sí mismo $(x \in x)$. Todo conjunto ha de ser del primer tipo o del segundo, y no podrá ser de los dos. Llamemos X al conjunto de todos los conjuntos del primer tipo. Si X es del primer tipo, X no pertenece a X, es decir, no pertenece al conjunto de los conjuntos de primer tipo. Esto es una contradicción toda vez que X es del primer tipo. Si X es del segundo tipo, X pertenece a X, es decir, pertenece al conjunto de conjuntos del primer tipo. Esto también es una contradicción porque X es del segundo tipo. La conclusión que se extrae es que conceptos tales como «el conjunto de todos los conjuntos» resultan problemáticos y por tanto no están permitidos en la teoría de conjuntos «axiomatizada».
El lógico y filósofo inglés Bertrand Russell (1872-1970) también se hizo célebre por sus posturas políticas pacifistas.
Pág. 93   5. Esto se ha demostrado presuponiendo un conjunto de axiomas de partida lo bastante rico como para desarrollar la teoría de números naturales enteros.
6. Al mismo tiempo Gödel también demostró lo siguiente. A partir de un conjunto de axiomas lo bastante profuso como para permitir el desarrollo de la teoría de los números naturales ente-

ros, resulta imposible demostrar la coherencia de dicho sistema de axiomas mediante argumentos formalizados en la teoría desarrollada a partir de esos axiomas. Existen demostraciones de la coherencia de ciertas teorías matemáticas pero dichas demostraciones emplean teorías más potentes.

7. El lógico estadounidense Alonzo Church (1903-1995) propuso en 1936 una definición precisa de las «funciones efectivamente calculables». La propuesta se conoce como «tesis de Church» y, según una de sus versiones (la tesis de Church-Turing), una función efectivamente calculable es aquella susceptible de calcularse mediante una máquina de Turing, que, de acuerdo con la descripción del propio Turing, consiste en un ordenador sencillo (autómata finito) con memoria ilimitada. Puede elegirse entre hacer que la máquina responda a cada entrada de datos con una respuesta en tiempo finito (lo que corresponde a calcular una «función recursiva general») o permitir que la máquina no siempre dé una respuesta (lo que corresponde a calcular una «función recursiva parcial»). La mayoría de matemáticos prefiere trabajar con funciones más generales que las funciones efectivamente calculables.

8. En aras de la precisión: la longitud máxima de la demostración de un enunciado de longitud L no es una función recursiva general de L. Este aserto no está supeditado a la definición precisa de longitud de enunciado ni de longitud de demostración. Para más detalles, véase, por ejemplo, Yu. I. Manin, *A Course in Mathematical Logic*, Neal Koblitz, trad., Grad. Texts in Math. **53**, Springer, Nueva York, 1977, Sección VII.8.

CAPÍTULO 13

Fundamentos

Pág. 95   1. Permítaseme describir un grupo usando la típica jerga matemática, esto es, ni el lenguaje formal de los lógicos ni la palabrería infantil de los escritores de divulgación científica.

Sea G un conjunto no vacío y que cuando a,b ∈ G, entonces c ∈ G, se le llame el producto de a y b, y se escriba c = ab. Decimos que G, equipado con ese producto, es un grupo (o decimos que el producto define una estructura de grupo en el conjunto G) si se cumplen las siguientes propiedades (denominadas axiomas de un grupo):
I.   Asociatividad: a(bc) = (ab)c
II. Existencia de elemento unidad: existe e ∈ G tal que para cada a ∈ G, ea = ae = a
III. Existencia de inversos: para cada a ∈ G existe un x ∈ G tal que ax = xa = e.

Nótese que el elemento unidad e es único. Si $ab = ba$, se dice que el grupo es «conmutativo». Si G, G' son grupos con elementos unidad e, e' y f es una función de G a G' tal que $f(ab) = f(a)f(b)$, entonces f se denomina *morfismo* $G \rightarrow G'$, y el subconjunto H de elementos $x \in G$ tales que $f(x) = e'$ se denomina «subgrupo normal» H de G. Si los únicos subgrupos normales H de G son $\{e\}$ y G, entonces se dice que G es un «grupo simple».

La razón por la que entro en todos estos detalles técnicos es para poder hacer la siguiente afirmación: la estructura de grupo es importante. Más concretamente, si en un problema dado nos encontramos con una estructura de grupo, nos será de ayuda. Y automáticamente deberíamos preguntarnos si el grupo es conmutativo o no y buscar sus subgrupos normales. Como ejemplo, las transformaciones asociadas con varias geometrías en el capítulo 3 forman *grupos* o transformaciones (euclidianas, afines o proyectivas). Los grupos aparecen de forma útil en la práctica matemática, por eso son objetos naturales, no porque la definición de estructura de grupo sea relativamente simple.

Pág. 96   2. En el capítulo 3 (*véase* nota 2) hemos presentado con cautela a los números complejos y los hemos visualizado como puntos en un plano (el plano complejo). Ahora vamos a llamar **C** al plano complejo, recordando que **C** es un campo (gracias al capítulo 6, sabemos que los números complejos pueden sumarse, multiplicarse y dividirse). Las funciones «analíticas» (u «holomórficas») de una variable compleja son funciones f definidas en un subconjunto D de **C**, con valores en **C** y tales que, para un z en D y $|z - z_0|$ lo bastante pequeños, es posible expresar $f(z)$ como una suma infinita,

$$f(z) = \sum_{n=0}^{\infty} a_n (z - z_0)^n,$$

donde a_n son números complejos. Las funciones analíticas poseen notables propiedades. En concreto, si f es analítica en D, existen subconjuntos $\check{D}$, por lo general mayores, *de* **C** tales que f se extiende (excepcionalmente) a una función analítica $\tilde{f}$ en $\check{D}$ (extensión que recibe el nombre de «extensión analítica»).

3. Riemann observó que la distribución de números primos podía estar relacionada con las propiedades de una función que hoy conocemos como «función zeta de Riemann». Basándose en la idea de Riemann, Hadamard y De la Vallée-Poussin demostraron un resultado conocido como «teorema del número primo», según el cual, el número de primos $\leq = n$ tiende a infinito como $n/\ln n$, donde $\ln n$ es el logaritmo de n. La hipótesis de Riemann es una propiedad conjeturada de la función zeta que acabó dando pie a una versión mejorada del teorema del número primo.

Jacques Hadamard (1865-1963) y Charles de la Vallée-Poussin (1866-1962) fueron dos matemáticos, francés y belga respectivamente.

4. Hay otros sistemas de axiomas importantes además de los de la teoría de conjuntos, en particular la aritmética de Peano (AP), que axiomatiza la teoría de los números enteros. Pero la AP es mucho más débil que el ZFC, de modo que, si bien resulta interesante para los lógicos, no es muy utilizada por los matemáticos «normales».

Pág. 97 5. El axioma de elección (C) dice así:

Si un conjunto X contiene los subconjuntos A_λ, indexados por $\lambda \in \Lambda$, y ningún A_λ es el conjunto vacío $\emptyset$, entonces podemos elegir x_λ en A_λ para cada $\lambda \in \Lambda$ (esto es, existe una función $f: \Lambda \to X$ tal que $f(\lambda) \in A_\lambda$ para cada $\lambda \in \Lambda$).

Una vez entendido el significado, es probable que el lector considere (C) aceptable por puro sentido común. En cambio, $x_\lambda = f(\lambda)$ no es una construcción evidente ni mucho menos.

6. Stefan Banach (1892-1945) fue un matemático polaco y Alfred Tarski (1902-1983), un lógico nacido en Polonia. La «paradoja» de Banach-Tarski, demostrable mediante el axioma de elección, consiste en lo siguiente:

Es posible cortar un esfera sólida (en el espacio tridimensional) en un número finito de fragmentos y, tras mover estos fragmentos (mediante rotaciones y traslaciones tridimensionales), volver a unirlos formando dos esferas sólidas del mismo tamaño de la original.

Podemos presuponer que el número de fragmentos es cinco, lo cual tal vez resulte absurdo toda vez que al principio el volumen de los fragmentos totaliza el volumen de una esfera y al final totaliza el doble. La paradoja, sin embargo, no es tal puesto que es imposible hablar del volumen de los fragmentos que se desplazan: son fragmentos «no mensurables». Cuando se usa el axioma de elección para producir conjuntos, éstos suelen ser no mensurables. No obstante, aunque la no mensurabilidad supone un engorro, la opinión generalizada entre los matemáticos es que prefieren poder disponer del axioma de elección, aunque para ello deban tener cuidado con la mensurabilidad de los conjuntos que manipulan.

7. (C) no sólo es coherente con ZF, sino que es independiente del mismo, tal y como muestra P. Cohen: si ZF es coherente, existe un sistema axiomático coherente que incluye a ZF pero en el que no se cumple el axioma de elección.

El matemático estadounidense Paul Cohen (1934-) es conocido sobre todo por su trabajo sobre los fundamentos axiomáticos de la teoría de conjuntos mediante una técnica de su invención denominada «forcing».

8. Un ejemplo es la teoría de los espacios de Banach, en la que un importante resultado, el teorema de Hahn-Banach, precisa del axioma de elección para su demostración. El empleo de dicho teorema permite formular una teoría general de los espacios de Banach más satisfactoria, y comoquiera que la aplicación de la teoría de los espacios de Banach es bastante útil, la actitud puritana de prohibir el uso del axioma de elección no es muy bienvenida en este caso.

9. Los grupos simples finitos son grupos simples (*véase* nota 1) que constituyen conjuntos finitos. Estos objetos algebraicos pueden clasificarse, es decir, enumerarse en una lista; la lista es infinita pero bastante explícita. Si bien los expertos consideran que el trabajo de clasificación ya está completo, la publicación de las demostraciones necesarias para refrendar la clasificación sigue en marcha y resulta extraordinaria por su extensión, muchos miles de páginas de arduas matemáticas técnicas. (Véase, por ejemplo, R. Solomon, «On infinite simple groups and their classification», *Notices Amer. Math. Soc.* **42** (1995), 231-239; M. Aschbacher, «The status of the classification of the finite simple groups», *Notices Amer. Math. Soc.* **51** (2004), 736-740.

10. Ya nos hemos encontrado con polinomios en varias ocasiones, sobre todo en el capítulo 6. Considerando un número elevado pero finito de variables $z_1, \ldots, z_v$, un monomio en estas variables es un producto

$$cz_1^n \cdots z_v^n,$$

donde c es un «coeficiente» y $n_1, \ldots, n_v$ son números enteros naturales. Así, un monomio se obtiene elevando las variables $z_1, \ldots, z_v$ a algunas potencias $n_1, \ldots, n_v$, multiplicando el z_{jj}^n y multiplicando el producto por el coeficiente c. Un polinomio $p(z_1, \ldots, z_v)$ es una suma finita de monomios según los acabamos de describir. Por ejemplo,

$$p\,(x, y) = c + c'x + c'y$$

es un polinomio de las dos variables x, y (con coeficientes c, c', c'), y

$$p\,(x, y, z) = x^n + y^n - z^n$$

es un polinomio de tres variables. En geometría algebraica clásica los coeficientes son números complejos y las variables también. Consideremos ahora un polinomio $P\,(x_1, \ldots, x_\mu, y_1, \ldots, y_v)$ de las variables $\mu + v\,x_1, \ldots, x_\mu, y_1, \ldots, y_v$, donde los coeficientes son números enteros (positivos, negativos o cero). A este polinomio P hemos de asociar un conjunto S de puntos $<a_1, ..., a_\mu>$ donde $a_1, ..., a_\mu$ son números naturales enteros, esto es, elementos de $\mathbf{N} = \{0, 1, 2, 3, ...\}$. Dicho de otro modo, los puntos de S serán secuencias $<a_1, ..., a_\mu> \in \mathbf{N}^\mu$. El conjunto S consiste por definición en esos $<a_1, ..., a_\mu>$ para los cuales existen números enteros naturales $b_1, ..., b_v$ tales que

$$P(a_1, ..., a_\mu, b_1, ..., b_v) = 0.$$

Siempre que exista un polinomio $P(x_1, ..., x_\mu, y_1, ..., y_v)$ tal que el subconjunto S de $\mathbf{N}^\mu$ pueda definirse como acabamos de indicar, se dice que S es un conjunto «diofántico».

Teorema: un subconjunto S de $\mathbf{N}^\mu$ es diofántico si y sólo si es recursivamente enumerable.

Este teorema es el resultado del trabajo de una serie de lógicos matemáticos y su demostración la completó Yuri Matijasevic en 1970. El lector recordará que, como vimos en el capítulo 12, un conjunto S es recursivamente enumerable si existe un algoritmo que produzca una lista sistemática de todos sus elementos. Sin embargo, puede que no sea posible listar los elementos que no pertenecen a S. En ese caso tendremos muy poco control sobre S y quizá no sepamos si S está vacío o no. Así pues, el susodicho teorema ofrece una solución negativa al décimo problema de Hilbert, que pedía un algoritmo que permitiese determinar, para todo polinomio $P(x_1, ..., x_\mu)$ con números enteros por coeficientes, si existen números enteros $a_1,...,a_i$ tales que $P(a_1,...,a_i) = 0$. Lo cierto es que no puede existir tal algoritmo, pero la imposibilidad de resolver el décimo problema de Hilbert también tiene consecuencias positivas. Por ejemplo, gracias al citado teorema, sabemos que el conjunto de todos los números primos (que es un subconjunto de $\mathbf{N}$) es diofántico.
Véase M. Davis, «Hilbert's tenth problem is unsolvable», *Amer. Math. Monthly* **80** (1973), 233-269; M. Davis, Yu. Matijasevic y J. Robinson, «Hilbert's tenth problem: Diophantine equations: Positive aspects of a negative solution» en *Mathematical Developments Arising from Hilbert Problems* (Northern Illinois Univ. De Kalb, Ill., 1994), Proc. Sympos. in Pure Math. **28** (1974), 323-378.
El matemático griego Diofanto de Alejandría probablemente vivió en el tercer siglo d.C. y legó a la posteridad una colección de problemas conocidos como *Aritmética* (álgebra y teoría de números).
11. Sea la región D en el plano complejo $\mathbf{C}$ consistente en los números complejos $z = x + iy$ (x y y reales) tal que $x > 1$. La función zeta de Riemann viene definida en D por la suma infinita

$$\xi\,(z) = \sum_{n=1}^{\infty} \frac{1}{n^z}\,.$$

Es posible demostrar que ξ es una función analítica en D y que tiene una extensión analítica única (de nuevo llamada ξ) al plano complejo $\mathbf{C}$, menos el punto 1. Consideremos el subconjunto R de $\mathbf{C}$ consistente en los números complejos $z = x + iy$ tales que $1/2 < x < 1$. Una formulación de la hipótesis de Riemann es que ξ no desaparece en la región «prohibida» R (esto es, $\xi\,(z)$ $\neq 0$ si $z \in R$). Es sabido que $\xi\,(z)$ desaparece en $z = -2, -4,$ $-6, \ldots$, y que en una infinidad de puntos $z = 1/2 + iy$; la formulación habitual de la hipótesis de Riemann es que no hay otros ceros.

Pág. 99   12. S. Shelah, «Logical dreams», *Bull. Amer. Math. Soc. (N.S.)* **40** (2003), 203-228.

CAPÍTULO 14

Estructuras y creación de conceptos

Pág. 101   1. Véase capítulo 13, nota 1.
Pág. 102   2. Véase capítulo 2, nota 4.
            3. Véase capítulo 12, en particular nota 8.
Pág. 103   4. Véase capítulo 13, nota 2.
            5. El enunciado es el «principio de módulo máximo» de las funciones analíticas. Voy a formularlo de un modo preciso sin hablar de límites. Si $f\,(z)$ es analítica en el dominio $D = \{z: |z - z_0|$ $< R\}$ (disco de radio R con centro en z_0) y existe $a \in D$ con $f\,(a)$ $\neq f\,(z_0)$, entonces existe $b \in D$ con $|\,f\,(b)\,| > |\,f\,(z_0)\,|$, esto es, el módulo de $f\,(z)$ no puede ser máximo en el centro de un disco en el que $f\,(z)$ es analítica.
            6. El concepto de conjunto compacto procede de la topología pero no puedo pretender dar una idea cabal de la topología en esta nota si el lector nunca ha estudiado el tema con anterioridad. No obstante, las definiciones básicas son muy fáciles de exponer, aunque sólo sea para demostrar su extrema simpleza. (Voy a emplear los conceptos de subconjunto, aplicación, unión e intersección, para cuya definición remito al lector a la nota 1 del capítulo 8; los términos «familia» y «subfamilia» (de subconjuntos) pueden entenderse en este contexto como conjunto de conjuntos y subconjunto de un conjunto de conjuntos, respectivamente.)
            Una topología en un conjunto X es una familia de subconjuntos de X, llamados conjuntos abiertos, tales que se cumplen los siguientes axiomas:
            (1) X y el conjunto vacío Ø son conjuntos abiertos;
            (2) La intersección de dos conjuntos abiertos es un conjunto abierto;

(3) La unión de cualquier familia de conjuntos abiertos es un conjunto abierto.

Supongamos que tenemos topologías tanto en el conjunto X como en el Y, y sea f una aplicación de X a Y. Para un subconjunto V de Y llamamos $f^{-1}V$ al conjunto de puntos $x \in X$ tal que $fx \in V$. Con esta notación, se dice que la aplicación f es «continua» si, siempre que V sea abierto en Y, $f^{-1}V$ es abierto en X. Decimos que los subconjuntos O_i de X (una familia posiblemente infinita) forman un recubrimiento de X si la unión de todos los O_i es X. Se dice que un espacio X con una topología es «compacto» si, para cualquier recubrimiento de X por parte de subconjuntos abiertos O_i, existe una subfamilia finita de conjuntos O_i que ya forman un recubrimiento de X. Supongamos que X e Y tienen topologías y que f es una aplicación continua de X a Y tal que $fX = Y$ (para cada punto $y \in Y$ hay algún $x \in X$ tal que $fx = y$). Entonces, si X es compacto, Y también lo es.

Es posible que el lector, una vez leída esta concisa descripción de la topología, se diga «yo también soy un matemático» y se ponga a escribir sus propios axiomas, definiciones y teoremas. Pero no hay garantías de que sean tan importantes para las matemáticas como el esqueleto conceptual de la topología que acabo de describir.

7. *Véase* nota 6.

Pág. 104 8. La teoría de la medida abstracta empieza dando una medida (o masa) $m (X)$ a ciertos subconjuntos de un espacio M. La teoría de medidas de Radon presupone que M es un espacio topológico compacto y empieza definiendo una integral (o valor medio) $m (A)$ para funciones continuas A en M. La teoría de medida abstracta es más general. La teoría de medidas de Radon es un caso especial y, en consecuencia, tiene más teoremas: es una teoría más rica.

9. *Véase* M. R. Garey y D. S. Johnson, *Computers and Intractability*, Freeman, Nueva York, 1979.

Pág. 105 10. Es precisamente lo que hice en el artículo «Conversations on mathematics with a visitor from outer space», incluido en *Mathematics: Frontiers and Perspectives*, ed. V. Arnold, M. Atiyah, P. Lax y B. Mazur, Amer. Math. Soc., Providence, 2000, 251-259.

11. En realidad hace falta corregir ese enunciado. La labor ciega y premiosa de la evolución ha generado mecanismos (en el sistema inmunológico y, por supuesto, en el nervioso) que producen respuestas relativamente rápidas e inteligentes.

Pág. 106 12. Ése es, en realidad, el título de la «primera parte» del tratado, pero Bourbaki no fue mucho más allá.

13. La frase es una cita de A. Grothendieck hecha por J.-P. Serre en una carta fechada el 8 de febrero de 1986. El motivo de la

carta era responder al primero por el envío de *Récoltes et semailles*. En su interesantísima misiva, Serre reconoce la contundencia del enfoque de Grothendieck pero opina que no sirve para todo el conjunto de las matemáticas. Véase *Correspondance Grothendieck-Serre*, ed. P. Colmez y J.-P. Serre, Documents Mathématiques 2, Société Mathématique de France, 2001.

CAPÍTULO 15

La manzana de Turing

Pág. 107 1. El número π no sólo es irracional sino que, de hecho, es «trascendental», es decir, que no satisface la ecuación

$$a_n\pi^n + a_{n-1}\pi^{n-1} + \ldots + a_1\pi + a_0 = 0$$

cuando $a_0, a_1, \ldots, a_{n-1}, a_n$ son números enteros (positivos, negativos o cero). Este hecho lo demostró el matemático alemán Ferdinand von Lindemann (1852-1939) en 1882.

Pág. 109 2. El matemático danés Harald Bohr (1887-1951) es conocido por su teoría de funciones casi periódicas. Hermano del físico Niels Bohr (1885-1962), formó parte de la selección danesa de fútbol en los juegos olímpicos de 1908.

Pág. 111 3. Ioan James, «Autism in mathematicians», *Math. Intelligencer* **25** (2003), 62-65.

Pág. 112 4. Constance Reid, *Hilbert*, Springer, Berlín, 1970.

5. El matemático estadounidense de origen alemán Richard Courant (1888-1972) fue alumno y posteriormente colaborador de Hilbert.

Pág. 113 6. Andrew Hodges, *Alan Turing: The Enigma*, Simon & Schuster, Nueva York, 1983.

7. «¿Son capaces las máquinas de pensar?». Para responder esta pregunta, Turing propuso que un interrogador formulase preguntas a una persona y a una máquina encerradas cada una en una habitación. La persona y la máquina mecanografiarían respuestas que podrían ser mentiras (la máquina se haría pasar por una persona). ¿Sería capaz el interrogador de descubrir quién era la persona y «quién» la máquina? He ahí el llamado test de Turing, un juego de imitación en el que la máquina debe hacerse pasar por una persona. Si resulta imposible distinguir a la persona de la máquina, difícilmente podrá negarse que ésta es capaz de pensar. Curiosamente, cuando Turing presentó el juego, en lugar de una persona y una máquina se sirvió de un hombre y una mujer.

8. Los experimentos caseros con sustancias químicas peligrosas eran más habituales a comienzos de la década de los cincuenta y

seguramente no se desaconsejaban tanto como ahora. Yo era adolescente en la época en que Turing llevó a cabo sus experimentos con cianuro, y tenía un pequeño laboratorio en el sótano donde hacía pruebas con arsénico (As_2O_3), fósforo y otras sustancias venenosas, inflamables, explosivas, corrosivas o malolientes.

9. En la actualidad Frank Olver es profesor emérito del departamento de matemáticas de la universidad de Maryland. Estoy en deuda con él por hablarme de la época en que conoció a Turing en el National Physical Laboratory de Inglaterra, a finales de los años cuarenta.

Pág. 114   10. Si bien he conocido a unos pocos matemáticos que eran homosexuales declarados, tampoco diría que la homosexualidad es un rasgo frecuente en este mundillo. Dicho sea de paso, no soy homosexual ni he tenido ataques de nervios. En cuanto a la calvicie, debo admitir que luzco mis buenas entradas. Bueno, para ser sinceros, más que entradas ya son salidas.

CAPÍTULO 16

La invención matemática: psicología y estética

Pág. 115   1. H. Poincaré, «L'invention mathématique», *Science et méthode*, Ernest Flammarion, Paris, 1908, capítulo 3. [Trad. española, *Sobre la ciencia y su método*, Círculo de Lectores, S. A., Barcelona, 1997.]

2. J. Hadamard, *The Psychology of Invention in the Mathematical Field*, Princeton University Press, Princeton, 1945; edición ampliada en 1949 y reeditada por Dover, Nueva York, 1954.

Pág. 117   3. La carta de Einstein está reproducida en el Apéndice II del libro de Hadamard; véase nota 2.

Pág. 119   4. Hay excepciones. Los escritos filosóficos de Poincaré (véase, por ejemplo, nota 1) son de gran calidad literaria. Curiosamente, el matemático francés empezó a escribir una novela en sus años mozos, aunque, por lo que sabemos de ella, el hecho de que no la completase no ha supuesto una grave pérdida. Así y todo, cuando más tarde comenzase a escribir sobre filosofía de la ciencia, esas inquietudes literarias juveniles jugarían claramente a su favor.

5. El teorema de función implícita desempeña un papel fundamental en la geometría diferencial (el estudio de variables diferenciales). Véase, por ejemplo, S. Lang, *Differential Manifolds*, Addison-Wesley, Reading, 1972.

Pág. 120   6. Sirva como ejemplo la demostración de la persistencia de los conjuntos hiperbólicos; véase M. W. Hirsch y C. C. Pugh, «Stable manifolds and hyperbolic sets» en *Global Analysis* (Berkeley, CA; 1968), *Proc. Sympos. In Pure Math.* **14**, Amer. Math. Soc., Providence, 1970, 132-163.

7. En realidad existen varios teoremas ergódicos: en 1932 aparecieron un teorema ergódico puntual (Birkhoff) y un teorema ergódico medio (Von Neumann), y posteriormente ha habido otros. Estos teoremas hacen posible la definición de «medias temporales» y desempeñan un papel fundamental en la teoría ergódica. (Véase, por ejemplo, P. Billingsley, *Ergodic Theory and Information*, John Wiley & Sons, Nueva York, 1965.)

CAPÍTULO 17

El teorema del círculo y un laberinto de dimensiones infinitas

Pág. 125 1. Véase T. D. Lee y C. N. Yang, «Statistical theory of equations of state and phase transitions, II: Lattice gas and Ising Model», *Physical Rev. (2)* **87** (1952), 410-419, y también T. Asano, «Theorems on the partition functions of the Heisenberg ferromagnets», *J. Phys. Soc. Japan* **29** (1970), 350-359. El teorema del círculo de Lee-Yang me tiene fascinado desde hace mucho tiempo (véase D. Ruelle, «Extension of the Lee-Yang circle theorem», *Phys. Rev. Lett.* **26** (1971), 303-304), y opino que en este terreno quedan misterios por descubrir.
2. El teorema fundamental del álgebra es más un teorema de análisis que de álgebra. Afirma que para un polinomio

$$P(z) = \sum_{j=0}^{m} a_j z^j,$$

donde a_j son números complejos y $a_m = 1$, existen números complejos $c_1, \ldots, c_m$ tales que

$$P(z) = \prod_{j=1}^{m} (z - c_j).$$

CAPÍTULO 18

¡Error!

Pág. 131 1. El matemático chino Siing-shen Chern (1911-2004) pasó buena parte de su carrera en Estados Unidos.
2. La referencias son H. Hopf, «Ubre die Abbildungen der drei-dimensionalen-Sphäre auf die Kugel-fläche», *Math. Ann.* **104**, (1931) 637-665; «Ubre die Abbildungen von Sphären auf Sphären niedrigerer Dimension», *Fund. Math.* **25** (1935), 427-440.
Pág. 132 3. Un algoritmo resuelve un determinado tipo de problema tras la introducción de una serie de datos adecuados. Por ejemplo, el problema puede ser «¿es este número entero un número pri-

mo?», en cuyo caso el número entero en cuestión es el dato. Los datos tienen una determinada longitud; en este caso concreto, el número de dígitos que forman el entero. Evidentemente, una de las cuestiones de mayor interés acerca de un algoritmo es saber cómo es de rápido, es decir, cuánto tardará en resolver un problema dado. Por ejemplo, para un algoritmo de tiempo polinómico, el tiempo de ejecución viene limitado por un polinomio en la longitud de los datos. Un problema se considera «tratable» si tiene un algoritmo de tiempo polinómico. Lo sorprendente es que existe uno de estos algoritmos para el test de primalidad (es decir, para determinar si un número entero es primo o no), pero no se conoce ningún algoritmo de tiempo polinómico para averiguar los factores primos de un número entero que no es primo. (El carácter tratable del test de primalidad fue demostrado en 2002 por M. Agrawal, N. Kayal y N. Saxena.) Para determinados problemas, si se aventura una respuesta, ésta puede verificarse en tiempo polinómico, y existe una clase de ese tipo de problemas que son en cierto sentido equivalentes (la llamada clase NP-completo; véase nota 9 del capítulo 14). Una cuestión que sigue abierta es si los problemas NP-completos realmente pueden resolverse en tiempo polinómico. Por lo general se supone que no, pero tampoco hay demostración que lo pruebe.

4. La conjetura de Poincaré (1904) caracteriza la esfera tridimensional entre variables tridimensionales. Tras múltiples tentativas, parece que Grigori Perelman la demostró finalmente en 2002.

Pág. 133 5. A. Jaffe y F. Quinn, «Theoretical mathematics' toward a cultural synthesis of mathematics and theoretical physics», *Bull. Amer. Math. Soc. N.S.* **29** (1993), 1-13; M. Atiyah et al., «Responses», *Bull. Amer. Math. Soc. N.S.* **30** (1994), 178-207.

6. Los denominados «atractores extraños»; véase, por ejemplo, J.-P. Eckmann y D. Ruelle, «Ergodic theory of chaos and strange attractors», *Rev. Modern Phys.* **57** (1985), 617-656.

7. Supongamos que la superficie de la esfera está cortada en «países» (no hay océanos), que todo país está conectado (es decir, no compuesto de fragmentos inconexos) y que queremos colorear los países de tal modo que los países limítrofes tengan colores distintos (tan sólo se permitirá tener el mismo color a aquellos países que apenas tengan un número finito de puntos fronterizos en común). ¿Cuántos colores necesitamos? En 1977, K. Appel y W. Haken publicaron una demostración realizada con ordenador según la cual bastan cuatro colores.

Pág. 134 8. El físico matemático estadounidense Oscar E. Lanford (1940-) realizó varias contribuciones importantes a la mecánica estadística. Su demostración, realizada con ayuda del ordenador, aún no se ha publicado. Ya la comenté con anterioridad en «Mathematical Platonism reconsidered»; véase capítulo 1, nota 1.

Pág. 136   9. Véase M. Aschbacher, «The status of the classification of the finite simple groups», *Notices Amer. Math. Soc.* **51** (2004), 736-740.

10. Si llenamos un recipiente cúbico de canicas, la máxima densidad que cabe lograr dentro de los límites del recipiente se conoce como «densidad de empaquetamiento compacto» (para esferas). Esta densidad es razonablemente fácil de calcular de forma conjetural, pero resulta dificilísimo demostrar dicho cálculo. Véase T. Hales, «The status of the Kepler conjecture», *Math. Intelligencer* **16** (1994), 47-58, y B. Casselman, «The difficulties of kissing in three dimensions», *Notices Amer. Math. Soc.* **51** (2004), 884-885.

11. *Véase* la nota 5 de este capítulo.

CAPÍTULO 19

La sonrisa de *Mona Lisa*

Pág. 139   1. Una objeción evidente es que, tal vez, a pesar de lo que pienso y sostengo, lo que de veras dijo el conferenciante fue «antisimétrica». En ese caso, el «antisemítica» que creí oír no habría sido producto de su inconsciente sino del mío. No voy a entrar en los motivos de por qué creo que no fue así, pero, en cualquier caso, lo que está claro es que allí intervino un inconsciente, y, a los efectos de nuestra discusión, no importa saber el de quién.

Pág. 140   2. El título original en alemán es *Eine Kindheitserinnerung des Leonardo da Vinci*. Debemos al historiador de arte Meyer Schapiro un estudio fundamental y sumamente ameno del libro de Freud («Leonardo and Freud», *Journal of the History of Ideas* **17** (1956), 147-179). He leído el Kindheitserinnerung en una edición bilingüe franco-alemana (*Un souvenir d'enfance de Léonard de Vinci*, Gallimard, Paris, 1995), con un largo prefacio a cargo del psicoanalista J.-B. Pontalis, que se basa en el estudio de Shapiro. El *Leonardo* de Freud ofrece una interpretación verosímil e interesantísima de la personalidad del genial artista, y como libro es excelente. Eso sí, aconsejo al lector que no baje la guardia y aguce el sentido crítico. Dicho sea de paso, otra obra de Freud que me parece extraordinaria es *Moisés y la religión monoteísta* (Ed. española, Alianza, Madrid, 1998).

Pág. 141   3. Hay quien cree que Leonardo era homosexual. Tal vez el lector prefiera pensar que tuvo una aventura increíblemente romántica con una aristócrata florentina de arrebatadora belleza, un idilio apasionado y trágico, todo menos aceptar la idea de que no tuvo vida sexual en absoluto. Con todo, Freud era capaz de saber

mejor que la mayoría de la gente lo que se cocía en la mente de una persona y es muy probable que en el caso de Leonardo tuviese la razón.
4. Citas de Leonardo recogidas en el libro de Freud.
5. Véase capítulo 1, nota 2.
6. Aquí estoy siguiendo en parte el libro de J. Laplanche y J.-B. Pontalis *Vocabulaire de la psychoanalyse*, Presses Universitaires de France, París, 1981. [Trad. española, *Diccionario de Psicoanálisis*, Labor, Barcelona, 1987.]

CAPÍTULO 20

El bricolaje y la construcción de teorías matemáticas

Pág. 148 1. Cabe describir la intensidad de la preferencia mediante la siguiente analogía térmica: fuerte preferencia = baja temperatura. En este caso, lo habitual es buscar un mínimo de energía antes que un máximo de interés. La temperatura elevada correspondería a un recorrido aleatorio en el que se diesen numerosos bandazos sin prestar atención al ahorro de energía. Cuando se trabaja con ordenadores, una buena estrategia, llamada «temple simulado», es empezar a una temperatura elevada (recorriendo mucho terreno sin detenerse y asentándose en una región extensa de baja energía) para después ir bajándola de forma gradual (con el fin de afinar la selección de una configuración de baja energía).
2. F. Jacob «Evolution and tinkering», *Science* **196** (1977), 1161-1166. El biólogo francés François Jacob (1920-) es conocido por su labor pionera en el campo de las actividades reguladoras de las bacterias.
Pág. 149 3. La evolución, por supuesto, podría haber dado lugar a cosas muy diferentes. Me divierte pensar que podría haber producido vertebrados con seis patas en lugar de cuatro, con lo cual un par de patas podría haberse liberado con más facilidad para transformarse en alas o brazos. De ese modo, algunas de las criaturas imaginarias más famosas podrían haber existido realmente: dragones (con cuatro patas y dos alas), centauros (con cuatro patas y dos brazos) y ángeles (con dos piernas, dos brazos y un par de alas). (Véase D. Ruelle, «Here be no dragons», *Nature* **411** [2001], 27.)
4. Aharon Kantorovich, *Scientific Discovery*, State University of New York Press, Albano, 1993.

CAPÍTULO 21

La estrategia de la invención matemática

Pág. 154 1. Por ejemplo, D. Zeilberger ha creado un programa informático para demostrar identidades relacionadas con funciones hipergeométricas («A fase algorithm for proving terminating hypergeometric identities», *Discrete Math.* **80** [1990], 207-211).
2. Véase el apartado 1.4.1. de S. Wolfram, *The Mathematical Book*, Cambridge University Press, Cambridge, 1996.

Pág. 156 3. Véase la correspondencia de E. J. Larson y L. Witham en «Leading scientists still reject God», *Nature* **394** (1998), 313. El porcentaje de miembros de la Academia Nacional de Ciencias de los Estados Unidos que se declaran creyentes es bastante bajo (un 14,3 por ciento de matemáticos y un 7,5 por ciento de físicos). En Internet pueden encontrarse otras muestras que registran porcentajes más altos, pero siempre con esa diferencia de 2 a 1 a favor de los matemáticos sobre los físicos.

CAPÍTULO 22

La física matemática y el comportamiento emergente

Pág. 157 1. El físico, astrónomo y matemático italiano Galileo Galilei (1564-1642) es uno de los fundadores de la ciencia moderna. Su libertad de pensamiento le acarreó problemas con la Iglesia católica de su época. Es interesante especular con qué autoridades habría tenido problemas si hubiese vivido en nuestros días. Galileo insistía en que la filosofía debía estudiarse en el gran libro del mundo, escrito por la naturaleza, no en los textos del filósofo griego Aristóteles (384 a. C.-322 a. C.). En el *Saggiatore* (1623) figura una famosa frase: «La filosofia è scritta in questo grandissimo libro che continuamente ci sta aperto innanzi a gli occhi (io dico l'universo)... Egli è scritto in lingua matematica». (La filosofía está escrita en este grandísimo libro que está continuamente abierto ante nuestros ojos (me refiero al universo)... Está escrito en lenguaje matemático.)
2. El germanoestadounidense Albert Einstein (1879-1955) fue probablemente el físico más importante del siglo XX.
3. El físico teórico estadounidense Richard Feynman (1918-1988) llevó a cabo profundas modificaciones en varios aspectos de la mecánica cuántica.
4. El físico matemático suizo Res Jost (1918-1990) escribió lo siguiente: «En los años treinta, bajo la desalentadora influencia de la teoría perturbacional cuántico-teórica, lo único que se le exigía a un físico matemático en materia de matemáticas era un

conocimiento rudimentario de los alfabetos griego y latino» (citado por R. F. Streater y A. S. Wightman, *PCT, Spin and Statistics, and All That*, W. A. Benjamin, Nueva York, 1964).

Pág. 158 5. La mecánica cuántica moderna tiene su origen en la formulación matemática que llevaron a cabo el alemán Werner Heisenberg (1901-1976) en 1925 y, en una forma diferente, el austríaco Edwin Schrödinger (1887-1961) en 1926.

Pág. 159 6. El austriaco Ludwig Boltzmann (1844-1906) y el estadounidense J. Willard Gibbs (1839-1903) desempeñaron un papel esencial en la cimentación conceptual de la mecánica estadística.

Pág. 160 7. Obsérvese que la física siempre implica un elemento imprescindible ajeno a las matemáticas: la identificación operacional de «cosas» de la naturaleza para las cuales uno trata de encontrar una descripción matemática. Cuando se experimenta con agua y se quiere obtener un estado de equilibrio, hay que dejarla reposar durante un periodo de tiempo, verificar que no se mueve, construir un termómetro y comprobar que la temperatura no se ve afectada por el lugar y la hora, etcétera.

Pág. 163 8. El ruso Roland L. Dobrushin (1929-1995) fue un eminente probabilista que se interesó por la mecánica estadística del equilibrio y obtuvo resultados capitales en dicha área.

9. El matemático ruso Yakov G. Sinai (1935-) contribuyó de un modo fundamental tanto a la teoría ergódica de los sistemas dinámicos como a la mecánica estadística.

Pág. 164 10. El matemático estadounidense Robert E. Bowen (1947-1978), conocido como Rufus Bowen, hizo aportaciones esenciales a la teoría de los sistemas dinámicos homogéneos. (Me contó que escogió el nombre de Rufus porque no le gustaba que lo llamasen Bob.) Era todo lo contrario de un genio nervioso: cuando explicaba algún problema matemático con aquella voz queda y pausada, uno se olvidaba de todo menos del asunto en cuestión, que Bowen exponía con absoluta claridad. En el momento de su muerte, causada por un imprevisto derrame cerebral, era uno de los mejores matemáticos del mundo.

11. En los siguientes libros se discuten algunas de las ideas aquí mencionadas: R. Bowen, *Equilibrium Status and the Ergodic Theory of Anosov Diffeomorphisms*, Lectura Notes in Math. **470**, Springer, Berlín, 1975; D. Ruelle, *Thermodynamic Formalism: The Mathematical Structures of Classical Equilibrium Statistical Mechanics*, Addison-Wesley, Reading, 1978; y W. Parry y M. Pollicott, *Zeta Functions and the Periodic Orbit Structure of Hyperbolic Dynamics*, Astérisque **187-188**, Soc. Math. de France, París, 1990.

12. Véase, por ejemplo, mi libro (de carácter no técnico) *Chance and Chaos*, Princeton University Press, Princeton, 1991. [Trad. española: *Azar y caos*, Alianza, Madrid, 1995.]

CAPÍTULO 23

La belleza de las matemáticas

Pág. 167   1. Por lo que respecta a los sistemas dinámicos, en los años sesenta y setenta, durante el gran periodo «hiperbólico» de Steven Smale, viajé varias veces a Berkeley, y posteriormente al Instituto Nacional de Matemática Pura e Aplicada de Río de Janeiro, cuando Jacob Palis y Ricardo Mañé estaban en pleno apogeo. En cuanto a la física matemática, a comienzos de los sesenta estaba con Res Jost en Zürich (Eidgenössische Technische Hochschule Zurich) y después en el Instituto de Estudios Avanzados de Princeton, en la época de C.-N. Yang y Freeman Dyson. También me beneficié de la actividad en materia de mecánica estadística que se generó en torno a Joel Lebowitz, primero en la Universidad de Yeshiva y después en Rutgers. Y por supuesto, durante varias décadas de la segunda mitad del siglo XX, también estuve inmerso en la constante actividad matemática y físico-matemática desarrollada en el IHES de Bures-sur-Yvette.

Pág. 169   2. Y con esto llegamos, oh, paciente lector de notas, al final de tan afanosa tarea. Ahora podemos dejar atrás el mundo académico y sus disputas, respirar un poco de aire fresco y permitirnos retornar, siquiera brevemente, a nuestro estado de αγεωμετρητοι, esto es, de legos en geometría o «no matemáticos».

Índice analítico